KB201777

중수대명력(重修大明曆)의 일월식 계산과 조선의 사편법(四篇法)

중수대명력(重修大明曆)의 일월식 계산과 조선의 사편법(四篇法)

최고은 지음

책을 펴내면서

본 책의 주제는 조선시기 일식과 월식을 다루는 것으로 책의 앞부분뿐만 아니라 내용 중간에도 조선의 역사서 등에 기록된 일월식과 관련한 정보들을 최대한 수록해 두었습니다. 또한, 한국과 중국의 역법사를 다룬 챕터에는 관련 연구자들에게 최대한 도움이 될 수 있도록 본인을 포함하여 그동안 다양한 연구자들이 연구한 내용을 종합하려고 노력했습니다. 그러므로 참고문헌으로 사용된 논문들은 선배 연구자분들의 노력이 담긴 결과물들입니다. 이분들이 안 계셨다면 저의 천문역법 연구는 지금보다 더욱 더뎠을 것입니다. 많은 선배 연구자분들께 이 책을 빌려 감사의 말씀을 전합니다. 그리고 해당 분야를 연구할 수 있도록 지도해 주신 박사님과 교수님께 진심으로 감사를 드리며 존경을 표합니다. 마지막으로 해당 책이 나올 수 있도록 응원해 주시는 부모님과 가족들에게 감사의 말을 전합니다.

2025년 봄을 앞둔 어느 날 최고은

차례

Ⅳ 중수대명력의 내용과 계산

보기삭(步氣朔)

2. 태양운동 추산 … 104

보월리(步月離)

1. 천문상수 … 125

2. 달의 운동 추산 … 129

보구루(步晷漏)

1. 천문상수 … 145

2. 일출입 시각 추산 … 150

보교회(步交會)

〈표 차례〉

〈그림 차례〉

I

서론

역법(曆法, calendar)이란 천체의 운동을 기반으로 일정한 주기와 규칙을 정하는 방법이다.[1] 천체의 위치를 정확히 계산하여 날짜와 절기를 정하고, 달력을 통해 이를 나타낸다.

역법은 크게 태양력(solar calendar)과 순태음력(lunar calendar) 그리고 태음태양력(luni-solar calendar)으로 나눌 수 있다. 태양력은 태양의 주기 운동을 기반으로 하는 역법으로 율리우스력(Julian calendar), 그레고리력(Gregorian calendar) 등이 있으며, 순전히 달의 주기 운동을 기반으로 한 순태음력은 이슬람력(Islamic calendar)이 대표적이다. 그리고 순태음력을 기본으로 하되 윤월을 넣어서 계절에 맞추도록 한 태음태양력이 있으며, 대표적으로 유태력(Jewish calendar)과 중국력(Chinese calendar), 교회력(Christian Ecclesiastic calendar) 등이 있다.[2] 오늘날에는 대부분의 나라가 그레고리력을 사용하고 있으며, 우리나라에서는 1896년부터 음력을 병행한 태양력(그레고리력)을 사용하고 있다.[3] 해당 내용은 천문법으로 제정되었으며, 법률 제14906호, 제5조, 1항에 따르면, '천문역법'을 통해 계산되는 날짜는 양력인 그레고리력을 기준으로 하되, 음력을 병행하여 사용할 수 있다.

조선시대 이전부터 태음태양력으로 날짜와 일월식 등을 예측하고 이 결과를 수록한 역서를 발행하는 체제는 지속되어 왔다. 이 역서(曆書, almanac)는 책력(冊曆) 또는 일과력(日課曆)이라고 했다. 역서는 국가의 중요한 서적으로 매년 거의 빠짐없이 간행되었는데, 심수경 『견한잡록(遣閑雜錄)』[4]에는 1592년 일어난 임진왜란 중에도 역서를 간행했다고 쓰여 있다.

…(생략)… 항시 주자(鑄字: 쇠붙이를 녹여 만든 활자)로써 인쇄하여 중외에 반포하였다. 임진년 여름에 왜구가 도성을 함락하고 모든 역기가 탕실되어 남음이 없게 되었다. 그해 겨울에 일관(日官) 수명이 의주에 따라가서 우연히 칠정산(七政算)과 대통력주(大統曆註) 등 서적을 얻어서 계사력(癸巳曆: 1593)을 만들었는데, 목판으로 몇 권 인쇄하여 반포하였다. 계사년 겨울에 거가(車駕)가 환도하였는데, 어느 사람이 옛날 역서를 인쇄하던 주자를 얻어 바치므로 옛 역서에 의하여 인쇄 반포하게 되니 다행하다 하겠다.

이와 같이 역서는 전란 중에도 편찬되었을 정도로 중요한 서적이었다. 해당 역서는 대통력이며, 우리나라에 남아 있는 가장 오래된 역서는 경진년(庚辰年, 1580) 대통력 역서로 현재 보물 제1319호로 지정되어 있다.[5] 중국과 일본의 경우 가장 오래된 역서는 각각 450년, 689년으로 알려져 있다.[6] 조선시대의 역서에는 오늘날의 역서와는 달리 역법 계산의 자료뿐만 아니라 연신방위도(年神方位圖), 오성수택(伍姓修宅), 주당도(周堂圖) 등 명리학적 내용들도 포함되어 있었다.[7] 역사적으로 역 관련 업무는 국가천문기관에서 담당했다. 『서운관지(書雲觀志)』에 따르면 조선시대 국가 천문기관이었던 관상감은 천문(天文), 지리(地理), 역수(曆數), 점산(占算), 측후(測候), 각루(刻漏) 등의 업무를 담당했다.[8] 조선시대 천문기관은 고려시대의 명칭을 이어받아 서운관(書雲觀)으로 불렀다가 관상감(觀象監)으로 개칭했으며, 이후 관상국(觀象局), 관상소(觀象所) 등으로 개칭되었다.[9] 오늘날에는 한국천문연구원이 그 업무를 수행하고 있다.

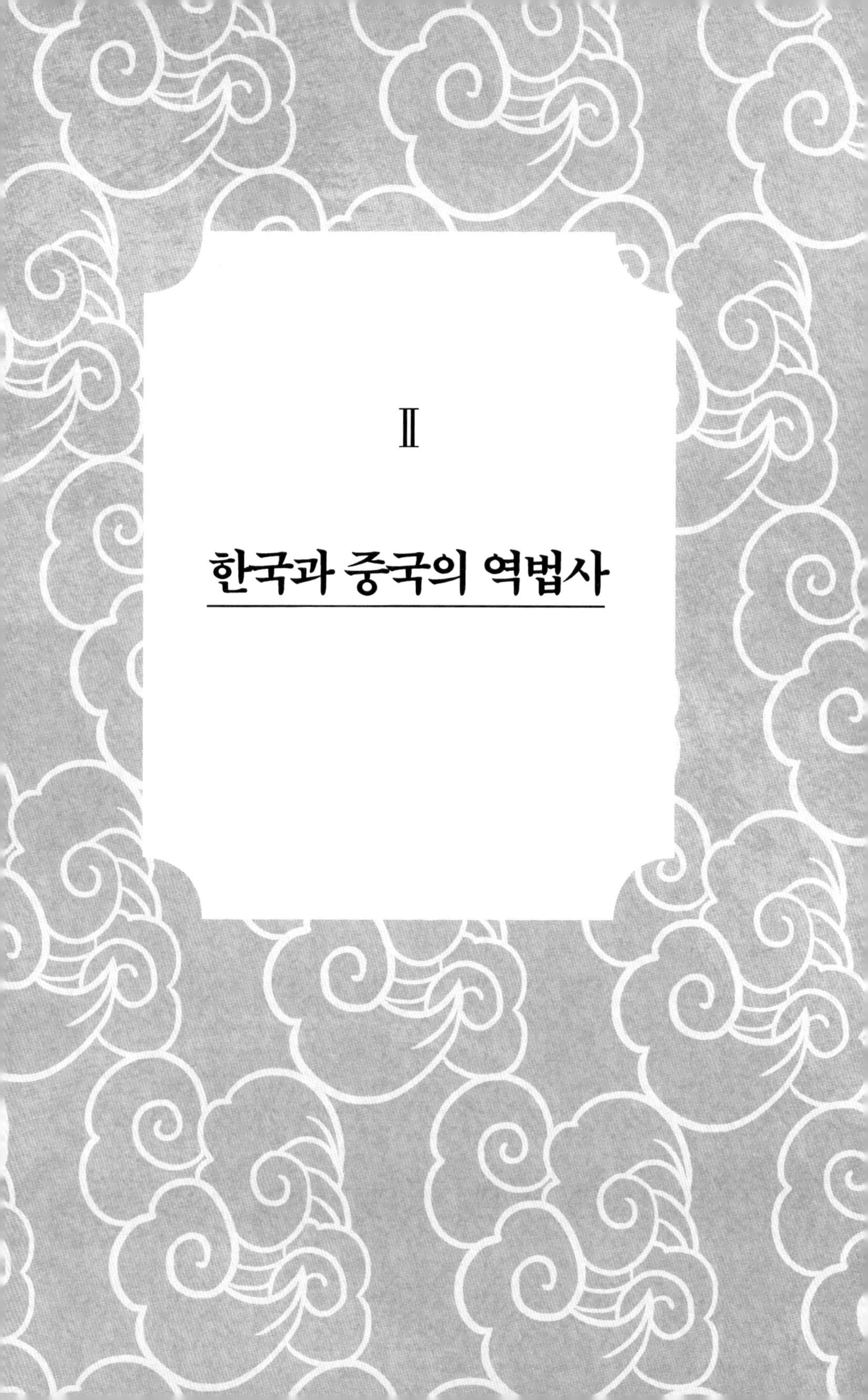

Ⅱ

한국과 중국의 역법사

1. 중국의 역법사

우리나라는 전통적으로 중국력을 활용하였다. 중국의 역법은 태양과 달의 운동을 기반으로 한 단순한 음양력으로부터 시작했다. 사마천의 『史記』 제26권에는 중국에서 가장 오래된 6개의 역법이 수록되어 있는데, 6개의 력을 고육력(古六曆)이라고 하며, 『주력(周曆)』, 『노력(魯曆)』, 『은력(殷曆)』, 『하력(夏曆)』, 『황제력(黃帝曆)』, 『전욱력(顓頊曆)』이다.[1] 그중 중국 최초 중앙집권적 통일 국가였던 진(秦, BC 221-206)에서는 하정(夏正) 10월을 세수(歲首)로 하는 『전욱력』을 사용했다. 그러나 초보적인 역법으로 아직 역서는 편찬되지 않았고, 태양년과 태음월의 길이, 매년 세수(歲首)의 일진(日辰), 대여(大餘)를 60으로 하는 일진과 소여(小餘)를 사용하여 시각 계산을 하는 등 간단한 계산 정도만 가능했다.[2]

전한(前漢(西漢), BC 206-AD 8)에서는 초기에 진의 전욱력을 사용하다가 한무제(漢武帝) 원봉(元封) 7년(BC 104) 5월부터 『태초력(太初曆)』을 시행했다. 원봉 7년은 동지가 있는 전년도 음력 11월 초하루 갑자일(甲子日) 자시(子時)를 태초 원년(太初元年)으로 하였다. 『태초력』의 큰 특징은 무중월을 윤달로 하는 무중 치윤법을 만들었으며, 기존의 단순한 역법 계산에서 발전하여 일월식 시각을 비롯해 오행성의 운행을 계산하는 방법 등이 포함되었다.[3] 『태초력』에는 각종 상수가 실려 있는데, 윤법(閏法)은 19, 장월(章月)은 235로 되어 있어, 『태초력』에서도 치윤법 중 하나인 19년 7윤법(장법)을 사용했음을 알 수 있다.[4] 한편, 『한서(漢書)』「율력지(律曆志)」에 따르면 『태초력』부터 최초의 역서가 편찬되었다고 기록하고 있다. 전한 말에는 유흠(劉歆)이 『태초력』을 증보하여 『삼통력(三統曆)』을 편찬했다. 또한, 삼통력에서는 역원(曆元)을 매우 오래전으로 두는 상원적년법(上元積年法)이 시행되었으며, 원의 수시력 이전까지 거의 모든 역법에서 적용되었다.[5] 삼통력에서는 이를 삼통상원(三統上元)으로 하였으며, 태초 원년보다 143127년을 거슬러 올라간 해로 정하였다.[6] 또한, 삼통력에서는 연도를 갑자(甲子)와 같은 간지로 표현하는 간지기년을 처음 사용했다.[7] 그 이전에는 목성으로 연도를 표시하기도 했는데, 전국시대(BC 403-221)에 세성의 공전주기가 약 12년이라는 것을 알았으며, 전국시대 중기부터는 현효(玄枵), 추자(娵訾), 강루(降婁) 등으로 연도를 표시하는 세성기년법을 사용하였다.[8] 그러나 유흠이 세성의 공전주기가 12년이 아닌 11.86년인 것을 알아내어 이때부터 60간지로 연도를 표기하였다.[9]

후한(後漢, AD 25-220) 대에는 『태초력』이 점점 천상과 맞지 않게 되면서 하루 이상의 차이를 보이자 개력을 했고, 『사분력(四分曆)』을 만들었다. 『사분력』의 특징은 1년을 365 1/4로 하였다는 것에서 이름이 나왔다.[10] 『사분력』에 수록된 상숫값에는 장법(章法)은 19, 장월(章月)은 235로 되어 있어 태초력의 영향을 받았음을 알 수 있다. 태초력의 동지점은 우수 초도(牛宿 初度)였으나, 사분력에서는 두수(斗宿) 21과 1/4로 변경되었다.[11] 한편, 사분력에서는 아직 달의 부등운동인 월행지질을 알지 못해 정확한 달의 위치를 계산할 수 없었다.[12] 역사적으로 달의 부등운동은 태양의 부등운동보다 먼저 발견되었는데, 후한 말 건안(建安) 11년(AD 206) 유홍(劉洪)의 『건상력(乾象曆)』에서 처음 달의 부등운동, 즉 중심차(equation of center)를 고려한 것으로 알려져 있다.[13] 달의 운동은 근지점을 중심으로 하여 매일 달의 행도가 기재되어 있는 월리표(月

離表)가 최초로 있었으며, 그 후 역대 대부분의 역법은 모두 이 표를 참고하였다.[14] 그리고 근지점 이동을 발견했으며,[15] 황백도 경사각 6 1/2도를 처음 표기했고, 황백교점이 역행하는 것도 상세한 숫자로 기록했다.[16] 전한시대의 관측은 모두 적도를 기준으로 관측되었으나 정치가였던 가규(賈逵, 174-228)는 황도환을 달아 황도동의(黃道銅儀)를 제작해 황도를 기준으로 한 관측을 시작했다.[17]

진(晉, 265-317)에서는 『현시력(玄始曆)』을 사용했다. 현시력은 5호 16국 중 하나인 북량(北凉)의 조비(趙䵍)가 만들었으며, 북위(北魏, 386-534)에서도 412-522년간 사용했다. 1태양년의 길이는 약 365.2422일이고, 1삭망월의 길이는 29.5306으로 12삭망월의 길이는 약 354.3672가 된다. 그러므로 1태양년의 길이에 비해 1태음년의 길이는 약 10.875일 정도 짧게 된다. 그러므로 약 3년이 지나게 되면 30일 정도 차이가 나게 되고, 이것이 점점 쌓이면서 태음력으로는 음력 6월이지만 실제 계절은 겨울이 될 수도 있다. 그러므로 적절한 시기 태음력에 윤월(閏月)을 넣어 태음력이 실제 계절과 일치하도록 한다. 이것을 치윤법(置閏法)이라고 하는데, 중국에서는 치윤법 중 하나로 19년에 7번 윤달을 넣어 235삭망월(19년×12개월+7윤달)로 하는 19년 7윤법을 사용했으며, 이것을 장법(章法)이라고 한다.[18] 이 치윤법은 BC 589년경 춘추시대부터 사용한 것으로 알려져 있으며,[19] 서양에서는 BC 433년경 아테네 천문학자 메톤에 의해 발견되었으므로 메톤주기라고도 한다.[20] 그러나 19년 7윤법도 완전히 일치하지 않아 235태음월이 19태양년보다 0.0865일, 즉 2시간 05분 정도 길다.[21] 그러므로 『현시력』에서는 장법을 버리고 새로운 치윤법을 사용했는데, 600년간 7421개월의 삭망월을 들게 하여 윤달수를 221개를 넣었다.[22] 남북조(420-589) 시기 유송(劉宋, 420-470)[23]의 조충지(祖冲之, 429-500)는 이것을 두고 장법을 파기(破)한다는 의미로 파장법(破章法)이라고 불렀다.[24]

남북조(南北朝)의 유송(劉宋) 왕조에서는 하승천(何承天)이 만든 『원가력(元嘉曆)』과 조충지가 만든 대명력(大明曆)이 있었다. 특히 하승천은 정삭(定朔)으로 달의 대소(大小)를 정하는 것을 처음 제안했는데, 달의 평균 삭망월 주기를 이용하여 구하는 삭을 경삭(經朔)이라고 하고, 경삭에 태양과 달의 부동을 보정하여 실제 운동에 가깝게 계산한 삭을 정삭(定朔)이라고 한다. 그러나 다른 이들의 반대로 정삭은 실행되지는 못했으나,[25] 역법 자체는 AD 445-509년 동안 사용되었다. 한편, 조충지는 대명력에서 세차(歲差, precession)를 역법 계산에 도입하였다.[26]

AD 570년에는 북제(北齊, AD 550-577)의 장자신(張子信)이 태양의 중심차를 발견했다.[27] 태양의 중심차를 일행영축(日行盈縮)이라고 하는데, 24절기에 대해 일행영축을 적용하여 평기법(平氣法)이 아닌 정기법(定氣法)을 고안해 낸다. 1태양년의 주기를 균일하게 24등분하여 구한 24절기(12절기와 12중기)를 평기(平氣) 또는 상기(常氣)라 하고, 정기법은 황도를 15° 간격으로 24등분한 것으로 태양의 부등운동으로 인해 황도상에서 15°씩 운행하는 데 걸리는 일수는 일정하지 않다. 그러므로 절기 사이의 시간 간격이 균일하지 않다.

수(隋, AD 581-619)의 장주현(張胄玄)이 만든 『대업력(大業曆)』은 조충지의 『대명력』을 따른 것이나 『대명력』과 다른 점은 태양의 중심차를 실제로 정삭에 처음 고려한 역법이었다.[28] 그러나 24절기 계산에는 태양의 중심차가 적용되지 못하고 여전히 평기법이 사용되었으며, 17세기 시헌력(時憲曆)에 와서야 24절기에 태양의 실제 운행이 적용된 정기법이 시행된다.[29]

유작(劉焯)의 『황극력(皇極曆)』은 그의 역법에서 정기(定氣)와 정삭(定朔)의 용어를 처음 사용한 것으로 알려져 있다. 장자신의 일행영축으로부터 고안해낸 정기법과 하승천이 제안한 정삭(定朔)을 역법에 처음 적용했다. 유작이 만든 정기법은 태양의 황경이 아닌 중국의 전통에 따라서 적경을 따라 24등분을 해서 태양이 이 간격을 통과하는 일수를 가지고 정기법을 만든 것이다.[30] 한편, 좀 더 정밀한 역법 계산을 위해 태양과 달의 부등운동과 관련한 보간법(補間法, interpolation)을 발견했는데, 기존의 산술평균에 해당하는 보간법이 아닌 현대 수학에서 가우스보간법(Gauss interpolation, 이차보간법)에 필적하는 계산이었다.[31] 그 외에 조충지의 세차법은 물론 교식(交食)과 오행(伍行)의 계산법을 이전의 역법들보다 발전시켰다.[32] 비록 유작의 역법은 실제 시행되지 않았지만 『수서(隋書)』「율력지(律曆志)」에 상세히 수록되어 있을 정도로 역법에 중요한 위치를 차지하고 있었으며,[33] 당대 이순풍의 인덕력과 이를 증보한 대연력에서 그의 역법적 성과가 적용된 것으로 알려져 있다.[34]

당(唐, AD 618-907)은 역법을 여덟 차례 개정했는데, 그중 『무인력(戊寅曆)』, 『인덕력(麟德曆)』, 『대연력(大衍曆)』, 『부천력(符天曆)』, 『선명력(宣明曆)』이 대표적이다. 도사 부인균(傅仁均)의 『무인력』은 619년부터 45년간 실제 관력으로 사용되었다. 남북조(420-589) 시기 유송(劉宋, AD 420-470)의 하승천이 처음 제안한 정삭은 무인력에 처음 적용되었다. 그러나 실제 달의 운동에 기반한 정삭의 사용으로 음력의 큰 달(大月), 즉 30일이 4번 연속되는(連四大月) 사삭빈대(四朔頻大)가 발생하자 사삭빈대는 전통과 어긋난다고 하여 제대로 적용되지 못하고 평삭법으로 되돌아가기도 했다.[35] 이어 이순풍은 『무인력』에 약간의 수정을 가해 『인덕력』을 만들었으며, 『무인력』의 문제점으로 지적되었던 연 4대월을 피하기 위한 진삭법(進朔法)을 역법에 적용했다. 진삭법은 합삭 시각이 오후 6시를 지나면 다음 날을 삭일[월초]로 하는 방법이었다.[36] 진삭법은 이후 원(元)의 『수시력(授時曆)』에서 폐지했다.

『인덕력』의 일식 예보가 맞지 않자 일행(一行) 등이 729년에 『대연력』을 편찬했다. 태양의 부등운동인 중심차 계산을 정확히 하였고, 유작의 보간법을 일반의 경우까지 역법 계산에 폭넓게 활용했다.[37] 또한, 『대연력』 이전의 28수의 적도수도(赤道宿度) 중 일부의 값이 변하자 양영찬(梁令瓚)이 황도유의(黃道遊儀) 등 천문의기를 만들어 대규모 관측을 실시했으며, 이 관측값을 대연력에 활용했다.[38] 『고려사』「역지」 선명력의 내용에 따르면 값이 변한 28수는 네 개로 필(畢), 자(觜), 삼(參), 귀(鬼)에 해당했으며,[39] 조선 후기 사학자 한치윤(韓致奫, 1765-1814)이 저술한 『해동역사(海東繹史)』에 따르면, 『구당서(舊唐書)』에 미수(尾宿) 9성은 18도로 예전에는 거극도(去極度)가 120도였는데, 지금은 124도이고, 기수(箕宿) 4성은 11도로 예전에는 거극도가 118도였는데, 지금은 120도라고 기록되어 있다고 서술했다.[40]

『부천력(符天曆)』은 소무구성(昭武九性) 출신의 후예인 조사위(曹士蔿)가 당 덕종(德宗) 건중(建中, 780-783) 연간에 만든 역법이다.[41] 『부천력』의 큰 특징은 만분법과 적년일법 폐지, 그리고 1도 간격으로 표기된 태양영축차표이다. 만분법은 하루를 10,000분으로 나누는 것으로 중국의 역법에서는 거의 사용되지 않았다.[42] 원(元)의 마단림(馬端臨, 1254-1323)이 편찬한 『문헌통고(文獻通考)』에는 부천력은 만분법의 사용으로 합원만분력(合元万分曆)으로 불리기도 했으며, 인도 천문학의 영향을 받았다고 기록되어 있다. 그러므로 薮内清(1982)은 만분법이 부천력을 통해 중국에 처음 도입되었다고 주장했다. 두 번째는 적년일법 폐지이다. 역법 계산의 기준으로 삼는 해를 역원(曆元, super epoch)이라고 한다. 역원은 상원(上元)과 일진(日辰)의 갑자(甲子), 자정(子正; 夜半), 삭일(朔日)과 11월 동지(冬至)가 겹치는 해를 역원으로 정하는 상원갑자야반삭단동지(上元甲子夜半朔旦冬至)가 알려져 있다. 그러나 이 외에도 중국 역법에서는 갑자년 천정 11월 갑자일 야반(夜半)일이 동지(冬至), 삭일(朔

日)이고, 달이 승교점(昇交點) 혹은 강교점(降交點)에 있으며, 근지점(近地點) 또는 원지점(遠地點)에 있고, 목(木), 화(火), 토(土), 금(金), 수(水) 다섯 행성이 동시에 동지점에 모이고 동지점 또한 북쪽의 허수(虛宿)의 위치에 있는 순간을 역원으로 정하기도 했는데, 이는 거의 불가능한 이상적인 역원이라고 할 수 있다.[43] 이와 같이 역원의 숫자가 무척 커지자 『부천력』에서는 역법을 편찬한 근처의 연도를 역원으로 했는데, 당(唐) 고종(高宗) 현경 5년 경신(顯慶伍年庚申)인 660년을 상원으로 삼았다. 『부천력』은 당시 공식적으로는 사용되지 않았고 주로 민간에서만 사용되어 소력(小曆)이라고 불리기도 했지만 오대(伍代, 907-960) 시기에는 관에서도 사용되었다. 당과 송나라 사이의 시기에 있던 오대(伍代) 중 하나인 후진(後晉, 936-947)에서는 마중적(馬重績)이 『조원력(調元曆)』을 편찬했다. 『부천력』을 따랐는데, 상원적년 대신에 당나라 천보(天寶) 14년 을미(755)를 상원으로 삼았고 만분법을 사용했으며, 우수를 기수(氣首)로 삼는 등 기본적인 상수와 계산법이 같았다.[44] 『조원력』에서 사용하던 만분법은 요나라 가준이 『대명력』(995년)을 편찬하면서 만분법 대신에 조충지의 『대명력』에서 취한 3939분법을 사용하였다.[45] 중국 역법에서는 전통적으로 일전표(日躔表)는 24절기를 단위로 되어 있다. 그러나 부천력에서는 동지 이후 매 1도씩 태양의 영축차 값이 기록되어 있는데, 매일의 영축차인 영축도분(盈縮度分)이 있으며, 이것의 누적치인 차적도분(差積度分) 값이 수록되어 있다.[46] 이러한 『부천력』의 특징은 원의 『수시력』에 영향을 준 것으로 보이는데, 『수시력』에서는 이전 중국의 역법들과 다르게 『부천력』의 특징인 만분법을 채택하고, 적년일법을 폐지했다. 그리고 일전표에서는 『부천력』과 비슷하게 동지와 하지 전후 1상한에 대해서 매일의 영축가분과 영축적의 값을 일전표에 수록했으며, 『수시력』 계열의 역법인 『칠정산내편』에서도 이와 같은 특징이 적용되었다. 한

편, 『부천력』은 『중수대명력』과 함께 이슬람 지즈의 키타이 카렌다에 영향을 주었다.[47]

『선명력』은 서앙(徐昂)이 만든 것으로 당에서 목종(穆宗)의 장경 2년(822)부터 소종(昭宗)의 경복(景福) 원년(893)까지 71년간 시행한 역법으로 한국에서는 통일신라부터 조선 초기까지 사용되었다. 『선명력』의 가장 큰 특징은 일식사차(日食四差)로 시차(時差)와 식차(食差)에 관한 계산이다.[48] 시차(時差)는 일식의 식심 시각과 정삭 사이의 시간차인 달의 시차를 의미한다. 북조와 남조 말기에 처음 시차 현상을 인식했으며,[49] 북조의 북제 왕조에 있던 장자신이 일식예측과 관련한 달의 시차를 명확히 이해하고 있었다.[50] 서앙 이후 변강과 송행고, 황거경(皇居卿) 등의 역법가들은 일식 시차 계산법에서 정삭거오전분 혹은 정삭거오후분과 동일한 값일 때 오후 시차값이 오전의 2배라고 생각했다.[51] 달의 시차값의 크기는 달의 천정거리가 결정하는데, 정삭거오전 · 오후분이 동일하다는 의미는 달의 천정거리가 동일하다는 의미이다.[52] 그러므로 달의 천정거리가 동일하다면 일식의 시차값이 2배가 아니라 같아야 한다. 이후 북송의 요순보는 『선명력』 등에서 주장하던 오후 2배 시차값을 기원력에서 1.5배로 수정했다. 금 조지미의 『중수대명력』과 원의 『수시력』에서는 정삭과 식심 및 반법(半法)의 값이 일치하는 정오일 때 시차는 "0"이 되어 최소가 되고, 정오를 기준으로 '+'와 '-'로 구별할 뿐 오전과 오후의 시차값이 대칭이다. 한편, 일식의 식분(食分)의 크기에 영향을 미치는 식차(食差) 계산을 위한 노력이 있었다. 식차는 기차(氣差)와 각차(刻差)로 나눌 수 있는데, 중국 역법가들은 기차와 각차의 크기는 일식 정삭(혹은 식심)이 해와 달의 시각(時角)과 관계가 있으며, 일식이 일어나는 계절과도 관계가 있다고 보았다. 시각이 다르다는 것은 달의 천정거리가 다르다는 것을 의미하고 계절 변화도 달의 천정거리에 영향을 준다는 의미다.[53] 식차와 관련해서는 다음과 같은 변화들이 있었다. 먼저, 당 곽헌(郭巘)의 『오기력(伍紀曆)』부터 공식적으로 식차를 시도했는데, 이 역법은 762년의 월식 예보가 적중하지 못하자 인덕력과 대연력의 양 법을 절충하여 만든 역법이었다. 다음으로 서승사(徐承嗣)의 『정원력(正元曆)』에서 『오기력』의 방법을 계승하였다. 그리고 『선명력』에서 처음으로 이 개정값에 기차와 각차, 가차(加差)와 관련한 공식적인 계산방법을 선보였다. 그러나 이후 여러 역법들은 대부분 기차와 각차 계산법을 사용하였다.[54] 북송 초기에 왕처눌(王處訥)의 『응천력(應天曆)』, 오소소(嗚昭素)의 『건원력(乾元曆)』과 사서(史序)의 『의천력(儀天曆)』 계산법들은 모두 『선명력』의 계산법을 계승한 것이며 그것을 바탕으로 약간의 수정을 했을 뿐이다. 송행고의 『숭천력(崇天曆)』이 나온 후에 비로소 큰 변화를 가져왔다. 먼저, 기차 정수(혹은 정차)의 계산법에서 송행고는 상승(相乘) 이차함수를 응용했으며, 이는 요순보(堯舜輔), 조지미(趙知微), 곽수경의 수시력에서 계속 사용되었다.[55] 그리고 각차 정수(혹은 정차)의 계산법의 경우는 상감상승(相減相乘)하는 이차함수를 응용했다. 이런 계산법은 주종, 황거경, 요순보, 조지미와 곽수경 등 사람들에 의해 끊임없이 사용되어 왔고 그중 요순보, 조지미의 계산법은 송행고의 계산법과 완전히 동일했다. 반면 주종과 황거경, 곽수경 등이 다른 계수(系數)를 사용한 것은 그들이 확신한 각차 정수(혹은 정차) 값의 크기가 송행고와 달랐기 때문이다.[56]

중수대명력에서 기차(氣差)는 기차항수(氣差恒數)와 기차정수(氣差定數)로 나누어지며, 가차(加差)는 각차항수(刻差恒數)와 각차정수(刻差定數)로 나누어진다. 원의 수시력에서도 이와 비슷한 계산법이 있는데, 기차를 남북차, 각차를 동서차라고 하며, 송(宋) 주종(周琮)의 『명천력(明天曆)』에 나오는 명칭과 같다.[57] 칠정산내편에서 중수대명력의 기차항수와 기차정수는 각각 남북범차

(南北汎差)와 남북정차(南北定差)에 해당하며, 각차항수와 각차정수는 동서범차(東西汎差)와 동서정차(東西定差)에 해당한다.

당 말기인 경복(景福) 2년(893)에 변강(邊岡)이 만든 『숭현력(崇玄曆)』은 상감상승(相減相乘) 형태의 이차보간법을 채택하였다. 상감상승법은 어떤 변수를 x로 했을 때, $x(\alpha-x)$ 형태의 이차방정식 계산법이다.[58] 관측을 통해 얻은 몇 개의 데이터를 가지고 나머지 값을 예측하는 데 활용되었으며, 태양의 중심차와 달의 시차 등에 사용되었다. 해당 방법은 본 중수대명력에서도 사용되었다.

중국에서는 왕조가 바뀔 때마다 개력을 함으로써 많은 역법들이 사용되었는데, 특히 송(宋, AD 960-1276) 대에는 『숭천력(崇天曆)』, 『기원력(紀元曆)』 등 18황제 320년 동안 무려 18개의 역법이 시행되었다.[59] 그중 북송(北宋, 960-1127)의 『기원력』은 숭녕(崇寧) 2년(1103) 요순보(姚舜辅)에 의해 편찬되어 숭녕 5년(1106)부터 사용되었다. 그러나 북송의 멸망으로 역법이 잠시 중단되었다가 남송(南宋, 1127-1279) 고종(高宗) 7년(1133)부터 다시 기원력을 사용하였다.[60] 기원력의 특징은 대규모로 관측을 시행하여 얻은 정확한 항성관측값이 수록되어 있으며, 도(度) 이하의 값에 소(少), 반(半), 태(太)를 사용하여 정밀도를 높였다.[61]

금(金, AD 1115-1234) 대에는 양급(楊級)이 만든 『대명력(大明曆)』과 이를 고쳐서 만든 조지미(趙知微)의 『중수대명력(重修大明曆)』이 사용되었다.[62] 이 역법은 원(元, AD 1260-1368)에서 『수시력(授時曆)』이 편찬되기 전까지 사용되었으며, 『수시력』 편찬에 많은 참고가 되었다.[63]

『수시력』은 원(元, 1271-1368)의 곽수경(郭守敬) 등이 만든 것으로 중국 역사상 가장 우수한 역법 중 하나로 알려져 있다. 곽수경은 역 계산에서 기존 역법들에서 상원 적년(積年)을 폐지하고 가까운 연도를 역원(曆元, epoch)으로 삼는 절산법(截算法)을 사용하여 1280년 동지를 역원으로 정했다. 적년을 사용하지 않는 방법은 이후 대통력과 칠정산내편에서도 적용되었다. 수시력은 다음 몇 가지 눈에 띄는 수학적 계산법이 적용되었다. 지금의 사차방정식에 해당하는 호시할원(弧矢割圓)이 적용되었는데, 이는 황적도의 좌표변환[黃赤度差]과 지점(至點) 이후 태양이 적도로부터 떨어진 거리인 황적도내외도(黃赤度內外度)를 계산하기 위한 방법으로 태양과 달의 운행(위치)을 자세히 알기 위해 필요한 계산법이다.[64] 태양과 달의 위치 계산을 위해 『수시력』 이전에는 상감상승 형태의 이차방정식을 적용했으며, 수시력에서부터 삼차방정식에 해당하는 초차법(招差法)을 사용했다.[65] 수시력에서는 동지 이후 또는 하지 이후 적일(積日)에 대해서 태양의 누적된 중심차 값인 영축적(盈縮積)을 관측하였다. 그러나 관측된 영축값은 동하지 이후 각각 약 15일 간격으로 관측된 값으로 초차법을 사용하여 매일의 영축적을 계산할 수 있었다.[66] 또한 『수시력』에서는 닮은꼴 직각삼각형의 비례법인 중차(重差)와 피타고라스 정리에 해당하는 구고현(句股弦)을 사용하였다.[67] 한편, 제곱근 계산방법인 개방법(開方法)은 일월식 계산의 정용분을 계산하는 데 활용되는데, 고려사에 따르면 조선의 세종 이전에는 일력 계산에서는 『수시력』을 사용하지만 일월식 계산에서는 개방술을 알지 못해 여전히 『선명력』을 사용하고 있다는 기록이 있다. 그러므로 조선에서는 세종 대에 와서야 『수시력』의 개방술을 익혔으며, 이를 적용한 『칠정산내편』이 편찬되자 이후 일월식 계산에 더 이상 선명력을 쓰지 않아도 되었다.

명(明, AD 1368-1644) 대에는 두 가지 『대통력』이 편찬되었다. 하나는 홍무 원년(洪武元年, 1368)인 무진년에 태사원사(太史院使) 유기(劉基, 1311-1375)가 만들어 바친 『무신대통력(戊申大統曆)』이고, 다른 하나는 홍무 17년(甲子, 1384) 누각박사(漏刻博士) 원통(元統)이 새로 만든 『대통력법통궤(大

統曆法通軌)』이다. 홍무 원년부터 시행된 유기의 『대통력』은 『수시력』과 같은 1281년을 역원으로 정했으며, 일부 응수(應數)값을 고친 것을 제외하고 『수시력』과 거의 동일했다. 명사(明史)에 따르면, 유기의 『대통력』은 홍무 17년(甲子, 1384)이 되니 역법이 맞지 않아 원통은 세실소장법(歲實消長法)을 없애고 홍무 갑자(甲子)를 역원으로 한 『대통력법통궤』를 편찬했다. 『대통력법통궤』는 역원을 바꾸는 것 이외에 몇 가지 사항을 수정하여 『태양통궤(太陽通軌)』, 『태음통궤(太陰通軌)』, 『교식통궤(交食通軌)』, 『오성사여통궤(伍星四餘通軌)』의 네 권으로 편찬했다.[68] 또한, 『수시력』의 기삭(氣朔)과 발렴(發斂)을 역일(曆日)로 합하였으며, 정삭(定朔)과 경삭(經朔)으로 나누어진 것을 경삭 계산 후에 바로 정삭을 계산하도록 붙여 놓았다. 또한, 보교회(步交會)를 일식과 월식 두 가지로 나누었으며, 『수시력』의 월식 시차(時差)와 정용분(定用分) 그리고 기내분(旣內分) 계산식을 개정했는데, 『칠정산내편』에서는 통궤법을 수용하였다.[69] 명사에 수록된 대통력은 원사 수시력에 없는 입성(立成)이 추가되었으며, 이론과 계산방법은 도해(圖解)와 함께 설명되어 역법의 계산방법을 이해하기 쉽게 하였다. 한편, 태양의 영축차(盈縮差; equation of the center) 등의 계산에서는 수시력에서의 계산으로 역법을 추산하는 방법이 아닌, 입성값을 활용하는 방식으로 변경되었다.[70]

청(淸, AD 1616-1912) 대에는 『시헌력(時憲曆)』을 사용했는데, 예수회선교사를 통해 전해진 유럽의 천문학을 토대로 만든 중국 역법의 통칭이다.[71] '시헌(時憲)'이라는 명칭은 상서(尙書) 설명에 '추성시헌(推聖時憲)'이라는 문구를 따라 예친왕(睿親王)이 명명한 것이다.[72]

『시헌력』에서 수학적인 방법의 큰 변화는 유럽의 평면·구면삼각법 및 삼각함수표가 역법 계산에 새롭게 활용되었다. 명 말 숭정 7년(1634) 유럽의 천문학은 1634년에 중국에 『숭정역서(崇禎曆書)』로 처음 소개되었다.[73] 숭정역서는 이후 청이 들어선 이후에 독일 출신의 예수회 선교사였던 아담 샬(Johann Adam Schall von Bell, 1591－1666)과 중국의 서광계(徐光啓, 1562-1633) 등이 『서양신법역서(西洋新法曆書)』라는 이름으로 1644년 다시 출판했다.[74] 『서양신법역서』는 다음 해인 순치 2년(1645)부터 『서양신법역서』를 적용한 시헌서를 발간하기 시작했다. 1673년에는 페르디난트 페르비스트(Ferdinand Verbiest, 1623-1688)에 의해 '서양'을 뺀 『신법역서(新法曆書)』로 이름을 바꾸었으며, 건륭 49년(1784, r. 1736-1795)에는 『흠정사고전서(欽定四庫全書)』에 실리면서 『신법산서(新法算書)』로 수정되었다.[75] 그러나 『숭정역서』는 『서양신법역서』 등 몇 차례의 재편찬으로 첨삭과 수정은 있었지만 내용은 거의 동일한 것으로 알려져 있다.[76] 『숭정역서』에는 『일전역지(日躔曆指)』, 즉 태양운동 이론에서 당시 유럽에서 사용되었던 티코의 이심모델(the simple eccentric solar model)이 소개되었다. 해당 모델은 BC 2세기 히파르코스(Hipparchus)가 사용한 태양궤도 모델이며, AD 2세기경에 프톨레마이오스(Ptolemaeus)가 그대로 채용했다.[77] 한편, 『일전표(日躔表)』의 '산가감차표설(算加減差表說)'에서는 『일전역지』의 본륜모델과 일치하지 않는 다른 모델을 사용했는데, 바로 프톨레마이오스의 이퀀트 모델(equant model)을 채용했다.[78] 숭정 4년(1631) 정월 28일 처음 숭정역서가 편찬된 이후 지속적으로 계산의 정밀도 개선을 위한 목적으로 수정된 결과였으며, 일전표의 이퀀트 모델은 서양신법역서에도 이어졌다.[79]

강희제(康熙帝, r. 1661-1722)는 1713년 산학관(算學館)을 설치하고 『율력연원(律曆淵源)』을 편찬하도록 했으며, 옹정(雍正, r. 1723-1735) 원년(1723)에 『어제역상고성(御製曆象考成)』이 편찬되고, 1724년 역서부터 이 역법에 따라 편찬했다.[80] 『사고전서총목제요역상고성(四庫全書總目提要曆象考成)』에 따르면, 강희제가 새롭게 역법을 편찬한 이유 중 하나가 태양이론과 태양표에 사용된 태양운동 모델이 일치하지 않기 때문이었다.[81] 『숭정역서』와 『서양신법역서』가 주로 서양인에 의해 편찬되었다면, 『역상고성』은 매곡성(梅瑴成), 하국종(何國宗), 하국주(何國柱) 등 전적으로 중국 학자들에 의해 편찬되었다.[82] 『역상고성』에서는 『숭정역서』의 『일전역지』에 대응하는 『역상고성』의 『일전역리』에서 주전원이 두 개인 균륜모델(double epicycle for the solar orbit)을 적용했는데,[83] 중국에서는 옹정 4년(1726)부터 역상고성법에 따른 역서를 반포했다.[84]

시간이 지나 점차 역상고성의 천문 예보가 맞지 않았는데, 바로 옹정 8년(1730) 6월 초 일식 계산의 오류였다. 그러나 이 문제를 중국 학자가 수정하기에는 역부족이었으므로,[85] 다시 서양 선교사들이 참여하게 되었다. 건륭(乾隆) 1742년에 당시 북경천문대 대장이었던 독일 예수회 선교사 쾨글러(Ignaz Kögler, 戴進賢, 1680–1746)는 역상고성을 수정하여 『역상고성후편(曆象考成後編)』으로 개편했다. 『역상고성후편』은 역원을 옹정 1년(1723) 계묘년으로 했으므로, 계묘원력(癸卯元曆)이라고도 부른다.[86] 1645년부터 사용한 시헌력은 초기 티코 브라헤(Tycho Brahe)의 관측값과 행성운동이론이 새롭게 적용되었으며, 후편에서는 궤도운동에 케플러(Kepler, 1571-1630)의 타원모델(Kepler's Orbit)이 적용되었고, 뉴턴(Isaac Newton, 1642-1727)의 태양과 달 운동 이론 등이 새롭게 적용되면서 점차 발전하였다.[87] 그러나 『역상고성후편』에서는 태양과 달의 운동과 일월식만 카시니의 관측치를 사용하였고, 오성의 위치 계산과 일출입 시각 계산은 역상고성의 방법을 그대로 사용하였다.[88]

2. 한국의 역법사

중국 역법들 중에서 일부가 우리나라에서 채용되었다. 삼국시대(BC 54-AD 918)에는 송(宋)과 당(唐)의 역법을 사용하였는데, 백제에서는 송(宋)의 『원가력(元嘉曆)』을 채택하고 인월(寅月)을 세수(歲首)로 하였으며,[89] 고구려는 당의 『무인력(戊寅曆)』을 사용했다. 신라에서는 『인덕력(麟德曆)』과 『대연력(大衍曆)』을 사용했는데, 『삼국사기(三國史記)』에는 문무왕 14년(674) 대나마(大奈麻) 덕복(德福)이 당나라에서 『인덕력』을 배워 와 역법을 만들었다고 기록되어 있다. 이어 『증보문헌비고(增補文獻備考)』에 따르면 고려 초에 신라로부터 『선명력』을 이어받아 썼다는 기록이 있어 통일신라 후기에 『선명력』을 사용한 것으로 생각된다. 또한, 『선명력』은 862년 발해(渤海, AD 698-926)를 통해 일본에 전해져, 1684년 『정향력(貞享曆)』을 시행하기 이전까지 약 820년간 사용되었다.[90]

고려시대(AD 918-1392)에는 신라로부터 이어받은 『선명력』과 원(元)의 『수시력(授時曆)』을 사용하였다. 충선왕(재위 1298, 복위 1308-1313) 대에는 최성지(崔誠之)를 원에 보내 『수시력』을 배워 오게 했다. 사여전도통궤 발문에는 충선왕이 원(元)에서 처음으로 수시력경(授時曆經)을 보았고, 등사(騰寫)한 것을 얻어서 전했으나 겨우 그 역일(曆日)을 추정하는 법만을 얻었을 뿐 나머지는 알지 못했다고 기록되어 있다. 이후 최성지의 제자 강보(姜保)는 역일 계산만을 가지고 충목왕 2년(1346) 『수시력첩법입성(授時曆捷法立成)』을 편찬했다.[91] 이 책은 수시력경에 있는 입성들과 왕순의 수시력입성의 역일 계산에 관련한 입성들만을 참고해서 만들었는데,[92] 수시력의 일력(삭망, 절기) 계산에 필요한 방대한 계산을 쉽고 빠르게 해내기 위해서 만들어 놓은 매뉴얼과 같은 역법서였다. 비록 일력 계산의 방법만 수록되어 있었으나 『수시력첩법입성』의 발문에는 이 책의 입성이 중국과 다른 고려의 독자적인 수표이며, 수시력경과 수시력입성과 함께 중요한 자료임을 밝히고 있다.[93] 또한, 말미에는 산법(算法)인 유두승법(留頭乘法), 비귀제법(飛歸除法), 인법(因法), 가법(加法), 반법(半法), 비귀제법가(飛歸除法歌)가 수록되어 있다. 고려시대에는 『양휘산법(楊輝算法)』과 『산학계몽(算學啓蒙)』의 수학책이 도입되기는 했으나 고려 산학의 수학은 『구장산술(九章算術)』 단계에 머물렀다.[94] 더욱이 『고려사(高麗史)』에는 산학 과거시험인 명산업(明算業)의 과목이 『구장산술』이었다는 것을 제외하고 당시 사용한 산법 내용을 구체적으로 언급한 역사적 문헌은 없다. 그러므로 수시력첩법입성에 수록된 여섯 가지 산법은 현전하는 유일한 고려시대 산술법을 추측할 수 있는 중요한 자료로 알려져 있다.[95] 이후 이 책은 1444년에 조선에서 갑인자(甲寅字)로 다시 간행되었으며, 현재 서울대학교 규장각에 소장되어 있다.

공민왕 19년(1370)에는 명(明)의 황제가 고려 국왕을 책봉하고 유기(劉基)의 『대통력(大統曆)』 1권을 하사했으며, 명의 사신으로 갔던 성준득(成准得)이 돌아올 때는 홍무(洪武) 3년(1370) 『대통력』을 받아 왔다는 기록이 있다. 또한, 같은 해 7월부터는 홍무 연호를 사용했으며, 이후로도 명의 정삭(正朔)을 받아 사용했다는 기록이 있다. 그러나 이기원 등(2009)에 따르면 공민왕 19년부터 명으로부터 받은 역서는 대통력법으로 계산한 역서를 받은 것으로 보았으며, 유경로(1999)와 이면우(1988)는 공민왕 대에는 왕조가 쇠퇴할 무렵이어서 대통력의 사용은 하지 못했을 것이라고 언급했다. 『고려사(高麗史)』와 『증보문헌비고』에 따르면, 수시력의 개방술(開方術)이 전해지지 않아 일월식 계산에는 여전히 『선명력』의 방법을 사용했으며, 오성의 행도 계산 또한 알지 못했다고 기록하고 있다. 개방술은 현대의 제곱근(root mean square)을 계산하는 방법으로[96] 『수시력』에서는 개방술을 사용하여 계산된 정용분(定用分)은 식심 시각을 중심으로 식의 시작 시간인 초휴(初虧)와 끝나는 시각인 복원(復圓)을 계산한다. 실제 『고려사』에 수록된 『선명력』을 보면, 초휴와 복원 시각은 제곱근의 방법이 사용되지 않고, 곱셈과 나눗셈 그리고 가감법만을 사용해서 수시력의 정용분에 해당하는 정용각수(定用刻數)를 계산한다. 한편, 중수대명력에서 달의 시차와 정용분은 상감상승법이 사용되었으며, 『수시력』부터 정용분 계산을 위해 상감상승과 개방술을 사용한다.

최근 고려시대 금석문에 관한 연구에 의하면 금석문에는 명 왕조뿐만 아니라 『중수대명력』을 사용한 금 왕조를 포함하여 당, 후량(後粱), 요(遼), 송(宋), 원(元) 등 동시대 중국 왕조의 연호들이 사용된 것으로 알려져 있다.[97] 또한, 『고려사(高麗史)』 「역지(曆志)」 편의 서문에는 『선명력』과 『수시력』만이 언급되어 있지만, 「세가(世家)」 편의 기록에 의하면 문종 6년(1052)에 태사(太史) 김성택(金成澤)이 『십정력(十精曆)』을, 김정(金正)이 『태일력(太一曆)』을, 양원호(梁元虎)가 『둔갑력(遁甲曆)』을, 이인현(李仁顯)이 『칠요력(七曜曆)』을, 한위행(韓爲行)이 『견행력(見行曆)』을 편찬하였으며 이는 재해와 상서(祥瑞)를 대비하기 위한 것으로 알려져 있다. 이용범(1966)은 이 역법들은 실제로는 사용되지 않은 위력(僞曆)으로 주장했으나 『조선왕조실록(朝鮮王朝實錄)』의 기록에 의하면 『견행력』과 『태일력』은 조선에서도 사용되었음을 알 수 있다.[98]

조선(AD 1392-1910) 초기에는 고려 말부터 이어져 온 『수시력』을 사용했다. 일력 계산은 『수시력』을 사용했으나 일월식과 오성 계산에는 『수시력』 및 『대통력』의 계산법을 알지 못해 여전히 『선명력』의 방법을 사용하고 있었다. 그러므로 갈수록 오차가 심해지자 일관(日官)이 임의로 정용각수를 더하거나 감하여 조정했으나 여전히 예보하는 데 어려움을 겪었다.[99] 이후 태종(太宗) 대에

명(明)으로부터 받은 『원사(元史)』「역지(曆志)」에는 수시력경(授時曆經)이 실려 있었으나 여전히 사용하지 못했다. 그러다 세종(재위 AD 1418-1450) 대에 비로소 다양한 천문관측기기가 제작되고 『수시력』을 포함한 여러 역법 서적들이 연구되고 편찬되었다. 세종 5년(1423)에는 『선명력』과 『수시력』에서 교회(交會)와 중성(中星), 역요(曆要) 등의 차이점을 교정하도록 했다.[100] 이 시기부터 세종은 중국의 역산서(曆算書)를 수집하고 아울러 산법교정소(算法校正所)를 설치하여 역법 추보에 필요한 산법을 익히도록 하였다.[101] 세종 10년(1428) 10월의 『세종실록』 기사에는 『수시력』과 『선명력』으로 계산한 일식 시각이 기록되어 있다.[102] 그리고 2년 후인 세종 12년(1430)의 기록에는 『수시력』으로 계산한 초휴(初虧)와 복원(復圓) 시각이 언급되어 있어서[103] 이 무렵부터 『수시력』의 개방술을 익혀 이를 활용하여 수시력법의 일월식 계산이 가능했다. 그 결과 관상감 취재(取才)시험에는 『수시력』과 『선명력』에 의한 일월식 계산이 포함되었다.[104] 그러나 당시 휴복(虧復) 시각이 맞지 않자 같은 해 12월 정초(鄭招, ?-1434)의 건의로 명(明)의 『대통력통궤(大統曆通軌)』, 당(唐)의 『대연력(大衍曆)』과 『선명력(宣明曆)』 등을 추가로 교정하였다.[105] 그 후에 세종 14년(1432) 10월 실록 기록에는 일월식과 절기(節氣)의 계산이 중국에서 반포한 일력(曆書)과 잘 맞는다는 기록이 있다.[106] 이것으로 조선에서 『수시력』의 일월식 계산이 가능해졌음을 알 수 있다. 이어 같은 날 세종이 동짓날에 서운관(書雲觀) 관리를 보내어 일출과 일입을 측후(測候)하기 위해 선공감(繕工監)에 명하여 삼각산(三角山) 상봉(上峯)에 집 세 간을 짓게 했다.[107] 관측기기인 간의가 완성되자 세종 15년(1433) 8월에는 김빈이 숙직하며 간의대에서 관측을 시작했는데, 임금과 세자 정초가 매일 간의대에서 측후제도를 논의하기도 했다.[108] 그리고 다음 해 1434년 8월에는 집현전에 입직(入直)하는 김빈 등 역산을 잘 아는 31

명에게 흥천사에 모여 『강목(綱目)』과 『통감(通鑑)』에 실린 일식(日食)을 추산(推算)하게 했다.[109] 또한 같은 해에는 한양의 위도에 맞는 일출입 시각의 계산이 완성되자 이를 활용하여 새 누기인 보루각루 제작에 따른 경루법을 개정하고, 수시력에 따라 12개의 잣대를 사용하여 보루각 운영을 시작했다.[110]

한편, 명 원통(元統)의 『대통력법통궤(大統曆法通軌)』가 세종 대에 조선에 전해졌다. 『칠정산내편』 서문에는 태양통궤와 태음통궤를 중국으로부터 얻었다는 내용이 있다. 그리고 『사여전도통궤(四餘纏度通軌)』 발문(跋文)에는 수시력법을 상세히 연구한 후 천문의기를 만들었으며, 근년에 중국에서 통궤를 구해 왔다는 기록이 있다. 이와 관련된 내용은 다음과 같다.[111]

> 임술년(壬戌年, 1442)에 다시 봉상시 윤(奉常寺尹) 이순지(李純之)와 봉상시 주부(奉常寺主簿) 김담(金淡)에게 분부하여 『수시력』과 『통궤』의 체계에 근거하여, 같은 점과 차이점을 가려서 정밀한 것을 가려 뽑고 거기에 몇 가지 항목을 더하여 한 권의 책으로 만들게 하고, 『칠정산내편(七政算內篇)』이라고 이름을 붙였다. 또 『회회력경(回回曆經)』, 『통경(通經)』, 『가령(假令)』 등의 책을 이용하여 그 계산법을 연구하여, 일부는 빼거나 더하고 또 누락되거나 생략한 것은 보완하여 마침내 온전한 책을 완성하여 『칠정산외편(七政算外篇)』이라고 이름을 붙였다. …(중략)… 『수시력경(授時曆經)』, 『역일통궤(曆日通軌)』, 『태양통궤(太陽通軌)』, 『태음통궤(太陰通軌)』, 『교식통궤(交食通軌)』, 『오성통궤(伍星通軌)』, 『사여통궤(四餘通軌)』를 비롯하여 『회회력경(回回曆經)』, 『서역역서(西域曆書)』, 『일월식가령(日月食假令)』, 『월오성능범(月伍星凌犯)』, 『태양통경(太陽通經)』과 『대명력(大明曆)』, 『경오원력(庚吾元曆)』, 『수시력의(授時曆議)』 등의 책을 모두 교정(校正)하고, 또 여러 문헌에 수록된 역대 천문, 역법, 의상, 구루에 관한 글을 모아서 합치고, 아울러 주자소(鑄字所)에서 간행하여 널리 전파하게 한다.

이처럼 세종 대 여러 천문관측기기를 제작하고 다양한 역법 서적들을 교정한 궁극적인 목적은 조선에 맞는 역법을 편찬하기 위함이었다.[112] 당시에 제작된 것으로 알려진 천문의기는 현재 거의 남아 있지 않지만, 역법 서적들은 대부분 남아 있다. 이 역법서들은 발문에서 언급한 것과 같이 『칠정산내편(七政算內篇)』과 『칠정산외편(七政算外篇)』 등이 이순지(李純之)와 김담(金淡)이 교정하여 1444년에 주조한 갑인자(甲寅字)로 인쇄되었으며, 현재 규장각한국학연구원(이하 규장각)에 소장되어 있다. 또한 규장각에는 편찬자가 원통(元統)으로 되어 있는 『위도태양통경(緯度太陽通經)』이, 국립중앙도서관에는 편찬자 미상의 『회회력경(回回曆經)』이 소장되어 있다. 특히 『위도태양통경』은 현재 중국에는 전하지 않는 회회력 관련 서적으로 춘분을 연초로 하는 이슬람력으로 동지를 연초로 하는 중국력과 회통(回通)하는 방법에 관한 내용이다.[113]

조선시대의 역법은 세종 대에 편찬된 『칠정산내편』과 『칠정산외편』이 대표적이다. 특히 칠정산내편은 한양에서의 일출입 시각을 사용함으로써 우리나라 최초의 독자적인 역법으로 평가받고 있다.[114] 조선 전기에서는 『칠정산내편』의 편찬에 만족하지 않고, 세조 4년(1458)에는 정통(正統) 9년 세차(歲次) 갑자(甲子)년(1447)을 역원으로 하는 『교식추보법가령(交食推步法假令)』을 편찬하였다.[115] 『교식추보법가령』은 세종 때 이미 만들어진 『교식추보법』에 가령과 주해를 보탠 것으로, 기존의 역법에서 태양과 달의 부등운동을 고려함에 있어 입성법(立成法: 미리 계산된 수표를 이용하는 방법) 대신 산식으로 쉽게 계산할 수 있도록 계산법을 수정했다.[116]

『칠정산내 · 외편』과 함께 일월식 계산을 위해 조선에서 간행된 역법서가 있는데, 바로 중국 금(金, AD 1115-1234)에서 편찬한 『중수대명력(重修大明曆)』이다. 사여전도통궤 발문이 있는 갑인자로 인쇄된 목록 중에 『대명력(大明曆)』이 있는데, 이는 바로 『중수대명력』을 지칭한다. 세종 25년(1443)부터 일월식 계산에는 항상 『칠정산내편』, 『칠정산외편』과 함께 『중수대명력』이 사용되었다.

『조선왕조실록』과 『승정원일기』 등에는 이 세 가지 역법, 즉 삼편법(三篇法)으로 계산한 일식 기록이 남아 있다. 또한, 앞서 언급한 역법서들 외에도 규장각에는 『칠정산내편정묘년교식가령(七政算內篇丁卯年交食假令)』, 『칠정산외편정묘년일식가령(七政算外篇丁卯年日食假令)』과 함께 『중수대명력일식가령(重修大明曆日食假令)』과 『중수대명력월식가령(重修大明曆月食假令)』이 소장되어 있다.

조선에서는 1654년 처음 시헌력(時憲曆)을 시행했다. 인조 23년(1645)에 관상감 제조 김육(金堉)이 처음으로 시헌력을 사용할 것을 요청하였고, 효종 3년(1652) 천문학자 김상범(金尙范)이 처음 중국에서 시헌력을 배워 왔다. 관상감에서 1653년 역서를 시헌력법으로 계산해 동지사가 청에서 받아오는 역서와 일력 등을 대조하여 정확성을 검증했으며, 1654년부터 시헌력을 사용하기 시작했다. 1654년 시헌력 시행 이후 청력과 점차 월의 대소 및 절기 날짜가 맞지 않아 허원(許遠)을 북경에 파견했으며, 그 결과 시헌일과력과 시헌칠정력을 완벽히 계산할 수 있게 되었다.[117] 또한 그는 1710년에 『현상신법세초류휘(玄象新法細草類彙)』를 편찬했는데, 조선에서 시헌력이 시행된 이후 조선에서 편찬된 최초의 서양천문역법서로 알려져 있다.

중국과 조선에서는 시헌력 사용 시기 중에서 1668년부터 1669년까지 3년간 잠시 대통력법을 사용했다.[118] 그러므로 이 시기 역서에 수록된 한양의 일출입 시각도 칠정산내편으로 계산된 일출입 시각이 수록되어 있으며, 낮과 밤의 길이도 96각이 아닌 100각법으로 되어 있다. 이후 1670년부터 다시 시헌력법을 사용했다.

중국의 개정된 역법에 따라 조선에서도 역법이 변화하였다. 『서운관지』에 따르면 영조 1년(1725, r. 1724-1776)부터는 『역상고성(曆象考成)』을 적용해 태양과 달 그리고 오성의 운행도수를 계산하기 시작했으며, 영조 20년(1744)부터 『역상고성후편(曆象考成後編)』법을 적용한 것으로 알려져 있다.[119] 한편, 조선에서는 『현상신법세초류휘』 이후 시헌력의 계산방법이 수록된 역법서들이 편찬되었는데, 대부분이 『역상고성후편』과 관련된 것들이었다. 관상감 제조 서호수(徐浩修, 1736-1799) 등이 1798년에 편찬한 『칠정보법(七政步法)』은 역상고성후편법에 의한 시헌력 계산방법을 간략하게 정리한 책이다. 여기에는 1713년 새로 측정된 한양의 북극고도를 비롯하여 정조 15년(1791) 측정한 팔도의 북극고도의 값이 수록되어 있다. 1860년에는 관상감제조 남병길(南秉吉, 1820-1869) 등이 『시헌기요(時憲紀要)』를 편찬했으며, 해당 역법서는 관상감 음양과 시험과목으로 활용되었다.[120] 다음 해인 1861년에는 남병길 등이 『추보첩례(推步捷例)』를 편찬했는데, 추보첩례 또한 이전의 역법서들과 마찬가지로 관상감 관원들이 시헌력법에 따라 역서를 편찬하는데 편리하고 빠르게 사용할 수 있는 역산 매뉴얼 형태로 편찬되었다.[121] 1862년에는 남병철(南秉哲, 1817-1863)이 『추보속해(推步續解)』를 편찬했다. 『추보속해』는 청대의 천문학자 강영(江永, 1681-1762)의 『추보법해(推步法解)』를 기본으로 하여 편찬된 것으로 케플러의 타원궤도를 채용한 『역상고성후편』의 방법을 적용한 역법서이다.[122] 『추보속해』의 특징은 기준점인 역원(曆元)을 저술 연대와 가까운 1860년으로 바꾸고 황도경사각을 『의상고성속편(儀象考成續編)』의 23도 27분을 적용하는 등 최신의 데이터를 적용하였다.[123] 『의상고성속편』의 관측 기준연도는 1834년으로 알려져 있다. 『추보속해』는 총 4권 3책으로 이루어져 있는데, 권1과 2권은 각각 태양과 달의 운동을 다루고 있으며, 3권은 월식, 4권은 일식과 항성에 관한 내용이다. 그 외에 시헌력법은 『동국문헌비고(東國文獻備考, 1770)』와 『국조역상고(國朝曆象考, 1796)』, 『증보문헌비고(增補文獻備考, 1908)』 등에도 수록되어 있다.

한편, 조선과 중국의 역서에는 삭망과 24기의 날짜와 시각뿐만 아니라 일출입 시각이 수록되어 있다. 일출입 시각은 지구 표면의 위도에 따른 절대적인 국지적인 현상으로 역법에서는 해당 지역의 위도 값이 중요하다. 칠정산내편을 편찬한 1444년부터 1654년 시헌력을 시행하기 전까지 사용한 한양의 위도는 『조선왕조실록』과 『교식추보법』에 다양한 값이 기록되어 있다. 최고은 등(2015b)의 발표에 의하면, 『칠정산내편』과 역서에 수록된 한양의 일출입 시각은 이순지의 『교식추보법(交食推步法)』에 기록되어 있는 38度小弱(38.1666…)과 가장 부합한다. 1654년부터 사용한 시헌력 사용 시기에는 두 차례에 걸쳐 한양의 공식 위도가 변경되었다. 1654년부터 1727년까지 잠시 『대통력』을 사용한 1667년부터 1669년을 제외하고 역법 계산에서 한양의 위도는 ø=36°를 사용했으며, 1728년 역서부터 1912년까지 한양의 위도는 ø=37°39′15″를 사용하였다.[124] 한양의 위도를 각각 360도법으로 표기했을 때, 조선 전기 이순지의 『교식추보법』(1459)에 수록된 한양의 위도는 ø=37.6181°, 17세기 조선의 앙부일구(보물 845-1호)에 새겨진 한양의 위도는 ø=37.3333° 그리고 1713년 측정된 조선의 위도는 ø=37.6542°로 조선의 기록상 한양의 평균 위도는 ø=37.5°이다. 1727년까지 조선의 역법 계산에 사용된 ø=36°는 조선의 기록에는 없지만, 중국 매문정(梅文鼎, 1633-1721)이 편찬한 『역산전서(曆算全書, 1723)』에서 찾을 수 있다.[125] 〈시헌력각성태양출입주야시각(時憲曆各省太陽出入晝夜時刻)〉 입성에는 조선의 위도와 낮과 밤의 길이가 수록되어 있는데, '조선 36도 하지 낮 시간 57각13분, 밤 시간 38각2분(朝鮮 三十六 夏至晝伍十七刻十三分夜三十八刻二分)'으로 기록되어 있다. 『청사고(淸史稿, 1928)』의 기록에 따르면, 『신법산서』의 각성북극고(各省北極高)와 동서편도(東西偏度)는 지도의 거리에 기초해서 환산한 값으로 정확하지 않았다고 밝히고 있다.[126] 그러므로 강희 연간 북극고도를 실측했으며, 그 값을 적어 놓았다고 밝히고 있는데, 조선의 위도는 ø=37°39′15″ 값이 수록되어 있다.[127] 그러므로 조선역서 계산에 사용한 위도가 36도인 것으로 보아 청사고의 기록처럼 청을 따라 지도 값을 활용한 값으로 보인다. ø=37°39′15″의 위도는 1713년에 청나라 사신 하국주(何國柱)가 한양의 종로에서 상한대의(象限大儀)로 측정한 값으로, 이후 조선의 모든 역법 계산에 공식적으로 사용되었으며, 앙부일구와 신법지평일구 등 천문의기의 제작에도 활용되었다. 앞서 조선에서는 1732년부터 『역상고성』을 적용하였다고 했으나 『역상고성』의 방법에 따라 계산한 결과 ø=37°39′15″ 위도는 이미 1728년 역서부터 적용된 것을 알 수 있다.

조선 내에서는 ø=37°39′15″, 한양의 새로운 북극고도 값을 기준으로 8도의 관찰(觀察) 소재지의 위치를 측정했다. 『영조실록』에 따르면 중국은 13성(省)으로 주야와 절기를 나누었으므로, 조선도 팔도(道)로써 주야와 절기를 나누어야 한다는 서명응(徐命膺)의 의견이 있었기 때문이다.[128] 그러므로 정조 15년(1791) 관상감 신하들에게 명하여 비변사(備邊司)에 보관되어 있는 『여도(輿圖)』를 이용하여 각 도의 관찰사가 있는 감영(監營)의 북극고도와 한양에 대한 동서편도를 양정(量定)하였다. 『팔도여도(八道輿圖)』로 측정한 직선거리를 가지고 한양의 북극고도를 기준으로 삼아 팔도여도의 직도(直道)에 의하여 백리척(百里尺)[129]으로 한양을 기준으로 한 북극고도와 동서편도를 측정했다.[130]

관북 지방은 북극고도가 40도 57분인데 동쪽으로 1도가 치우쳤고, 관서 지방은 북극고도가 39도 33분인데 서쪽으로 1도 15분이 치우쳤고, 해서 지방은 북극고도가 38도 18분인데 서쪽으로 1도 24분이 치우쳤고, 관동 지방은 북극고도가 37도 6분인데 동쪽으로 1도 3분이 치우쳤고, 호서 지방은 북극고도가 36도 6분인데 서쪽으로 9분이 치우쳤고, 영남 지방은 북극고도가 35도 21분인데 동쪽으로 1도 39분이 치우쳤고, 호남 지방은 북극고도가 35도 15분인데 서쪽으로 9분이 치우쳤다.

또한, 절기의 시각을 구하는 법은 다음과 같은데, 『역상고성』에 수록된 한양의 동서편도는 연경의 동쪽 10°31′으로 연경의 절기 시각에다 42분을 더하면 된다. 이에 한양을 기준으로 1도마다 시간을 4분씩 계산하며, 동쪽으로 치우친 경우는 더하고 서쪽으로 치우친 경우는 감하여 각 도의 절기 시각을 계산한다. 중국의 역서에는 각 성(省)의 일출입 시각과 절기 시각이 별도로 실려 있는데, 이 예(例)에 의거해 정조 16년(1792) 역서부터 절기 아래에 기록하게 했다. 그러나 당시 관상감 제조 서용보(徐龍輔)가 외국에서 역을 만드는 것은 중국에서 이미 금하는 법으로 한갓 일을 확대할 뿐이라고 하는 등 의견이 맞지 않아 실제 시행은 되지 않았다.

한국은 시헌력이 시행된 지 약 250년 만인 1896년부터 태양력(그레고리력)을 도입했다. 또한, 1896년부터는 매년 시헌력법으로 계산해서 음력 날짜를 기준으로 편찬되어 오던 기존의 『시헌서(時憲書)』는 『시헌력(時憲曆)』으로 역서명이 변경되었다. 그리고 양력인 그레고리력 기준 날짜로 계산된 새로운 역서인 『력(曆)』이 함께 발행되기 시작하면서 1896년부터는 두 가지 종류의 역서가 함께 발행되었다.[131] 『력』의 중앙에는 그레고리력으로 계산한 날짜가 있으며, 하단에는 양력일에 대응하는 음력일의 날짜가 기재되어 있다. 왕실의 제례나 탄신(誕辰)과 같은 기념일 등은 여전히 시헌력법으로 계산한 날짜를 사용하다가 1908년(순종 1)부터는 왕실의 기념일을 양력으로 변경하여 사용했다.[132] 또한, 『력』부터 일월식 시각이 수록되기 시작했다. 1897년 8월에는 국호를 대한제국(大韓帝國)으로 정하고, 역서도 명시력(明時曆)이라는 이름으로 변경되어 1898년부터 1908년까지 11년간 발행되었다. 1909년부터는 시헌력법으로 계

산된 명시력의 편찬이 중지되면서 1909년과 1910년에는 양력일 기준인 『력』만 편찬되었다.[133]

1910년(융희 4) 8월 한일강제병합 이후, 대한제국 시기의 역서 편찬을 담당했던 학부 편집국은 조선총독부 내무부(內務部) 소속의 학무국(學務局) 편집과(編輯課)로 이관되었고, 1911년부터는 조선총독부 산하 관측소와 기상대에서 일본인들에 의해 『조선민력(朝鮮民曆)』이라는 명칭으로 역서가 편찬되었다. 한편, 1912년 역서까지는 양력 날짜와 오전 · 오후를 구분한 12시제로 표현되었지만 일출입 시각을 포함한 일력자료는 여전히 시헌력법으로 계산된 결과들이었다.[134] 그러므로 전통적인 역 계산 업무와 관련하여 전 관상소 관원이었던 이돈수와 유한봉이 임명되어 활동했으며, 1912년 4월에는 의원면직으로 해임되었다. 이후 일본인에 의해서 조선민력과 약력 등의 역서가 편찬되다가 1945년 해방 이후 1946년부터는 국립중앙관상대의 이름으로 다시 한국인에 의해 역서가 발행되었다.[135]

Ⅲ

중수대명력의 편찬

1. 금의 중수대명력

『금사(金史)』「역지(曆志)」 서문(序文)에는 중수대명력의 편찬 경위가 기록되어 있다. 서문에 의하면 천회(天會) 5년(1127) 사천감(司天監)의 양급(楊級)이 『대명력』을 만들었으며, 15년(1137)부터 시행하였다. 그러나 정륭(正隆) 4년(1159) 3월에 일어난 일식을 포함한 일식 시각들이 맞지 않아, 대정 11년(1171)에 야율리(耶律履, 1131-1191)는 『을미력(乙未曆)』을 만들었으며, 사천감 조지미(趙知微)는 양급의 『대명력』을 중수(重修)하여 『중수대명력』을 편찬하였다. 이후 대정 21년(1181) 11월 일어난 월식에 대해 기존의 『대명력』과 『을미력』 그리고 『중수대명력』으로 검증한 결과, 조지미의 『중수대명력』이 가장 잘 맞게 되자 금에서는 이 역법을 시행하였다. 또한, 서문에는 양급의 『대명력』은 북송(北宋)의 『기원력(紀元曆)』을 토대로 만든 역법이라고 기록되어 있다. 금 태종 천회 4년(1126)에 북송의 수도인 변경(汴京), 즉 현재의 개봉(開封)을 함락시키고, 당시 변경에 있던 천문의기와 서적들을 금으로 반출하였다. 당시의 사건은 북송 연호가 정강(靖康)이었으므로 정강의 변(靖康之變)으로 알려져 있다. 북송시대에는 우수한 천문학자들과 천문관측기기도 많았으며, 훌륭한 역법들이 있었는데 그중 하나가 『기원력』이다.[1] 반출된 송의 자료들은 당시 금의 수도인 중도대흥부(中都大興府, 현 북경)로 옮겨져 태사국의 후대(候臺)에 설치되었다. 천문의기 중에는 소송의 수운의상대도 포함되어 있었다.[2] 그러나 북경과 개봉의 위도는 4도의 차이가 있어서 관측에 사용할 수 없었다.[3]

중국 역사상 『대명력』이라는 명칭의 역법은 총 네 종류가 있었다. 유송(劉宋, 420－479) 조충지(祖沖之)의 『대명력』, 요(遼, 907－1125)의 가준(賈俊)의 『대명력』, 금의 양급(楊級)이 만든 『대명력』과 조지미(趙知微)가 이를 중수한 『중수대명력』이다. 정강의 변이 일어난 같은 해에 양급이 『대명력』을 만든 것으로 알려져 있다.[4] 그러나 금에서는 양급의 『대명력』을 사용하기 전인 1137년까지는 요(遼) 가준의 대명력을 사용하였고, 『원사(元史)』「유병충전(劉秉忠傳)」에 금에서 제작된 두 종류의 『대명력』은 가준의 법으로부터 나왔으며, 양급의 『대명력』은 천문을 새로 관측하지 않은 채 기원력을 약간 손본 정도였고 천문 측험은 이루어지지 않았다고 기록되어 있다.[5] 그러므로 양급의 대명력은 가준의 대명력과 송의 기원의 영향을 모두 받은 것이 아닌가 생각된다. 한편, 『금사』에 자세히 기록되어 있는 것은 중수대명력으로 양급의 대명력은 적년과 일법만 조금 기록되어 있어 양급의 대명력에 관해서는 자세히 알 수 없다. 금사에 적년은 383,768,657을 역원으로 삼았으며, 일법은 중수대명력과 동일한 5230분이다. 그러나 대명력과 중수대명력의 일법이 동일하며, 조지미의 역법을 중수대명력이라고 불렀다는 점에서 양급의 대명력을 보수한 것으로 볼 수 있다.[6] 한편, 요 가준의 『대명력』은 소송 조충지(祖沖之)의 『대명력』과 비교해 보면 1태양년의 길이인 장세(章歲)와 장월(章月), 일법(日法)과 월법(月法) 그리고 상원(上元) 등이 일치하고 있다.[7] 그러므로 가준의 『대명력』은 조충지의 『대명력』과 연관되어 있다고 할 수 있으며, 금의 『대명력』은 북송의 기원력뿐만 아니라 요의 『대명력』의 영향을 받은 것으로 보인다.

『원사(元史)』「역지(曆志)」에 의하면 『중수대명력』은 지원(至元) 17년(1280)에 『수시력(授時曆)』을 도입하기 전까지 원(元)에서도 사용되었다.[8] 곽수경(郭守敬) 등이 편찬한 『수시력』은 중국의 전통 역법 중에서 가장 우수한 역법 중의 하나로 평가되고 있으나, 『수시력』 또한 『중수대명력』을 포함한 기존의 중국 역법들을 기반으로 만들어진 것이다. 비록 『수시력』에서는 이전 역법들에서 적년(積年)을 폐지하고 1280년 동지를 역원으로 하였으며, 이를 위해 관측을 통해 측정한 새로운 상수들을 사용하였지만, 삭망월, 근점월, 교점월 등의 상수는 여전히 금의 『중수대명력』을 따랐다.[9] 〈표 3-1〉은 중수대명력과 칠정산내편의 주요 천문상수를 비교한 것이다.

〈표 3-1〉 중수대명력과 칠정산내편의 주요 천문상수 비교

현대 용어	하루 길이[分]	항성년[度]	회귀년[分]	삭망월[分]	근점월[分]	교점월[分]
중수대명력	일법(日法)	주천도	세책	삭책	전종일	교종일
	5230	365.2568	365.24359	29.53059	27.55461	27.21223
칠정산 내편	일주(日周)	주천도	세주(歲周)	삭책	전종일	교종일
	10000	365.2575	365.2425	29.53059	27.55460	27.21222

『중수대명력』은 『수시력』뿐만 아니라 『수시력』 이전 원의 역법인 『경오원력(庚吾元曆, 1270)』에도 영향을 주었는데, 『경오원력』은 이차(里差)법을 제외하고 대부분이 『중수대명력』과 동일했다. 『경오원력』은 원 태조(太祖) 5년(1210) 사마르칸트에 머물던 태조를 위해 야율초재(耶律楚材)가 만들어 잠시 사용하던 역법이다. 야율초재는 북중국(北中國)과 멀리 떨어진 사마르칸트에서 중국의 역법을 사용하기 위해 이차(里差), 즉 경도차(經度差) 또는 시간차(時間差)를 역법에 도입한 것이었다.[10]

『중수대명력』은 중국과 한국뿐만 아니라 서역의 위구르(Uyghur) 역법까지 영향을 주었다.[11] 원래 『중수대명력』은 칭기즈칸이 북중국(Northern China)을 정복한 이후인 1215년부터 사용했다.[12] 이후 몽골제국의 훌라구 칸(Hulagu

Khan, 1215-1265)이 서역 정벌로 세운 일한국(Ilkhanid, 1256-1335)의 마라가(Maragha) 천문대의 학자들에게 전해져서 키타이 역법(Qitai calendar)의 주요 토대가 되어 이슬람 지즈(Zīj)에 수록되었다.[13] 키타이라고 부른 까닭은 다음과 같은데, 마르코 폴로(Marco Polo)의 『동방견문록(The Travels of Marco Polo)』에서 북중국을 키타이 또는 키탄(Khitan)이라고 했으며, 남중국을 만지(Mangi)라고 불렀다.[14] 키타이력은 이란과 중앙아시아 내 몽골 울루스(Ulus)의 지배계층인 몽골인과 위구르인 그리고 튀르크인들 사이에서 사용되었으므로 몽골-위구르력(Mongol-Uighur calendar) 또는 튀르크-위구르력(Turko-Uighur calendar)으로도 불리었다. 1272년 나시르 알딘 투시(Nasīr al-Dīn Tūsī)가 편찬한 『일카니지즈(Zīj-i Īlkhānī)』에 처음 수록되었으며,[15] 이후 알카시(Jamshīd al-Kashi, 1380-1429)의 『카카니지즈(Khaqani-Zij)』와 울루그벡(Ulugh Beg, 1394-1449)의 『술타니지즈(Sulṭānī-Zīj)』에도 실려 소개되었다.[16] 또한, 이 역법에 사용된 동물 12지(支)는 중앙아시아 지역의 연대표기법에도 사용되었으며, 훗날 1925년 테헤란에서 발행한 『점성학 연감(Astrological Almanac)』에서도 발견되었다.[17] 그러므로 중수대명력은 중국과 조선뿐만 아니라 몽골에 의해 중앙아시아까지 오랜 기간 동안 광범위하게 사용된 중요한 역법이다. 〈그림 3-1〉은 금나라와 몽골 시대 전후에 편찬된 지즈와 역법들 및 조선에서 사용된 중수대명력의 관계도이다.[18]

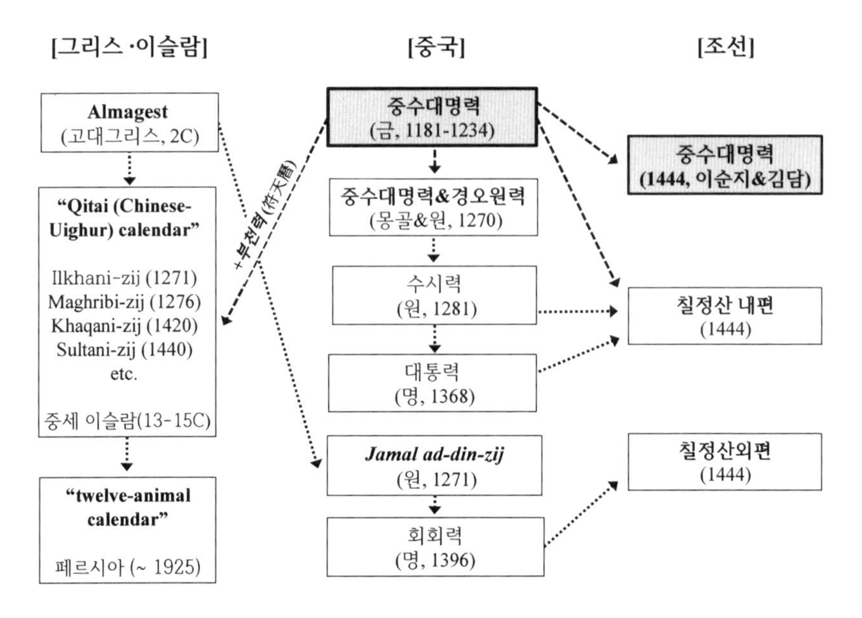

〈그림 3-1〉 몽골 시대 전후의 이슬람 지즈와 중수대명력의 관계도

2. 조선의 중수대명력

조선은 세종 5년(1423)부터 수도인 한양의 위도에 맞는 자국의 역법을 만들기 위해 『선명력』, 『수시력』, 『회회력』, 『중수대명력』 등 다양한 중국의 역법서(曆法書)를 교정하기 시작하였다.[19]

세종 5년부터 시작된 중국 역법서들에 대한 교정 작업의 결실로 1442년에는 『수시력』과 『대통력통궤』를 기반으로 한 『칠정산내편』과 이슬람 역법인 『회회력』을 기초로 한 『칠정산외편』을 편찬하게 하였다. 그러나 현재 규장각에는 이순지(李純之, ?-1465)와 김담(金淡, 1416-1464)이 편찬하여 1444년에 갑인자로 인쇄한 『칠정산내편』, 『칠정산외편』의 활자본이 소장되어 있다. 조선에서

는 『칠정산내편』이 기준 역법이었지만, 『중수대명력』 및 『회회력』을 사용한 이유는 일식과 월식 계산 때문이었다. 금의 『중수대명력』은 조선에서 오탈자만을 교정하여 편찬되었는데, 이는 다른 역법서들보다 내용이 자세했기 때문이다.[20] 그러나 무엇보다 『칠정산내편』의 근간인 『수시력』은 『중수대명력』과 『경오원력』의 영향을 받은 역법이기 때문에,[21] 『중수대명력』에 대한 교정 작업이 이루어진 것으로 보이며 현재 규장각에는 이순지와 김담이 편찬한 『중수대명력』과 『경오원력』이 소장되어 있다.

『중수대명력』이 조선에 들어온 시기는 정확하게 기록되어 있지 않으나 세종 25년(1443)의 『세종실록』 기사에 처음 중수대명력이 언급되어 있다.[22]

> 예조에서 서운관(書雲觀)의 첩정(牒呈)에 의거하여 아뢰기를, 금후(今後)에는 일 · 월식(日月食)에 내 · 외편법(內外篇法)과 수시(授時) · 원사법(元史法)과 입성법(立成法)과 대명력(大明曆)으로 추산(推算)하는데 …(중략)… 경오원력(庚吾元曆)은 이차(里差)의 법이 실로 빙고(憑考)하기 어렵사오니, 예전 네 가지 역법은 취재(取才)할 때에 쓰지 말도록 하시고, 칠정산 내외편(七政算內外篇)과 대명력(大明曆)으로써 취재(取才)하는데 …(생략)….

여기서 언급한 『대명력』은 『중수대명력』이다. 세종실록에 의하면 세종 12년(1430)에는 관상감 내부의 승진시험이었던 취재(取才)시험 과목은 『선명력』과 『수시력』의 일월식, 태양(太陽), 태음(太陰), 금성목성수성화성토성(金星木星水星火星土星), 사암성(四暗星), 보중성(步中星), 태일(太一)이었다.[23] 그러나 성종 16년(1485)에 완성된 『경국대전(經國大典)』에 의하면, 천문학 과시(科試)인 음양과(陰陽科)의 초시(初試)와 복시(覆試)에는 『칠정산내편』, 『칠정산외편』의 『교식추보가령』을 계산하고, 관상감 취재시험은 『칠정산내편』, 『칠정산외편』과 함께 『중수대명력』의 일월식 계산을 하도록 규정이 변경되었다.[24] 『중

수대명력』의 일월식 계산 취재 과목은 대전통편(大典通編)과 대전회통(大典會通)에도 실려 있다.[25]

한편, 세조 6년(1460) 6월의 『세조실록』 기사를 통해 『중수대명력』이 조선에 들어온 시기를 추측해 볼 수 있다.[26]

> 우리 세종(世宗)께서 역법(曆法)의 밝지 못함을 탄식하고 생각하시어 역산(曆算)의 책(冊)을 널리 구하였는데, 다행히 『대명력(大明曆)』·『회회력(回回曆)』·『수시력(授時曆)』·『통궤(通軌)』… 등의 책을 얻었습니다. 그러나 서운관(書雲觀)·습산국(習算局)·산학 중감(算學重監) 등에서 한 사람도 이를 아는 자가 없었습니다. 이리하여 산법 교정소(校正所)를 두고 문신(文臣) 3, 4인과 산학인(算學人) 등에게 명하여 먼저 산법(算法)을 익힌 뒤에야 역법(曆法)을 추보(推步)하여 구하게 하였더니….

위의 기록에 『대명력』과 함께 통궤가 언급되어 있는데, 통궤는 원통(元統)의 『대통력법통궤(大統曆法通軌)』를 의미하는 것으로 이미 세종 12년(1430) 12월 『세종실록』에 정초의 건의로 추가로 연구한 역법 중에 『대통력법통궤』가 포함되어 있었다. 또한 위의 기록에서 문신들과 산학인 등에게 명하여 산법을 익히게 했다는 내용이 있는데, 바로 『대통력법통궤』가 언급된 다음 해인 세종 13년(1431) 3월에 문신이었던 사역원(司譯院) 김한(金𣶍) 등에게 산법을 익히게 했다는 기록이 있다. 그러므로 위의 내용들을 종합해 보면, 『중수대명력』은 늦어도 세종 12년(1430)과 13년 사이에는 조선에 들어와 있었을 것으로 생각된다.

역법 교정의 완성은 세종 25년(1443)경으로 알려져 있는데, 『세종실록』의 1443년 7월 6일 기록에는 『칠정산내편』, 『칠정산외편』, 『중수대명력』의 세 종류 역법을 이용한, 즉 삼편법을 이용한 일월식 계산 규정이 언급되어 있다.[27] 기록에 의하면 보통 일월식 예보를 위한 기준 역법은 『칠정산내편』으로[28] 먼저 내편법(內篇法)으로 계산하여 식분(食分)이 있으면, 내편법으로 계산한 결과를 한양 내와 지방의 외관(外官)에게 알려 주고, 이후 나머지 두 가지의 역법으로 계산하여 왕에게 알렸다. 반면, 내편법으로 계산하였을 때 식분이 없으나, 나머지 다른 역법 중에 한 군데라도 식분(食分)이 있으면, 지방의 외관은 제외하고 한양 내의[京中]의 각 아문(衙門)에만 알려주도록 하였다.[29]

다음 해인 세종 26년(1444)에는 정묘년(丁卯年)인 1447년 음력 8월에 일어날 일식과 월식을 예시로 계산한 가령들을 편찬했다. 일식은 음력 8월 1일이고, 율리우스력(Julian calendar)으로는 9월 10일이다. 그리고 월식은 음력 8월 15일이고, 율리우스력으로 9월 24일이다. 세종 대에 편찬된 삼편법의 가령들은 『칠정산내편정묘년교식가령』, 『칠정산외편정묘년일식가령』 및 중수대명력 『정묘년일식가령(丁卯年日食假令)』과 『정묘년월식가령(丁卯年月食假令)』이었다. 이들 세 편 가령의 편찬으로 일월식 시각을 추보함에 있어 삼편법을 사용하는 제도가 확립된 것으로 보인다.

이들 삼편 중 『칠정산외편』이 일식 계산에서 가장 정확한 역법으로 알려져 있으며, 칠정산외편의 편찬 이후에는 일식 계산의 오류가 많이 줄어 성종과 중종 때는 각각 8회, 15회의 적지 않은 수의 일식 예보에도 불구하고 1회의 오류밖에 없었다.[30] 또한, 『조선왕조실록』에는 실제 일식 관측을 통해 검증해 본 결과 칠정산외편에 의한 계산이 더 잘 맞는다는 기록이 여러 번 있다. 또한 일식 기록들을 현대 천문학적 계산 결과와 비교했을 때 초기의 기록은 칠정산외편의 값이 대체로 잘 맞지만 선조 36년(1603)의 일식 때는 30분 이상의 차이 값이 보이는 것으로 알려져 있다.[31] 따라서 『칠정산외편』은 조선 초기에는 다른 역법들보다 더 신뢰를 받았지만 조선 중기에는 정확도가 다소 떨어짐에도 불구하고 대체할 만한 역법이 없었기 때문에 시헌력이 적용되기 전까지는 여전히 사용되었을 것으로 보았다.

다음은 『승정원일기』에 기록된 월식기사이다. 시헌력이 시행되기 약 15년 전인 인조 16년(1638) 5월 15일(丁丑)의 기사로, 중수대명력을 비롯한 삼편법으로 계산한 각각의 월식시각과 월식소기 및 식심 순간 달의 황도상 위치와 28수 위치에 관한 내용이 적혀 있다.

> 觀象監, 今伍月十伍日丁丑定望夜, 月有食之. 內篇法, 食在地下, 月食分一十一分, 初虧吾正二刻, 食旣未初三刻, 食甚未正一刻, 生光未正四刻, 復圓申正初刻, 食甚宿次箕四度, 初起正東, 復於正西. 大明曆法, 食在地下, 月食分一十一分, 初虧吾正一刻, 食旣未初二刻, 食甚未正一刻, 生光未正四刻, 復圓申正二刻, 食甚宿次箕四度, 初起正東, 復於正西.
> 外篇法, 月食分一十四分, 初虧未正一刻, 食旣申初二刻, 食甚申正一刻, 生光酉初初刻, 復圓戌初初刻, 食甚宿次八馬像內箕宿東南無名星, 初虧正東, 復缺圓正西.

1654년에 시헌력(時憲曆)이 도입된 이후에는 기존의 삼편에 시헌력을 더한 사편법(四篇法)으로 일월식을 계산하였으며, 일월식 계산의 기준 역법은 『칠정산내편』에서 시헌력으로 바뀌었다. 이는 조선왕조실록을 통해서 확인할 수 있는데, 다음은 숙종 45년(1719) 음력 1월 8일의 기록이다.

> 일식(日食)과 월식(月食)이 하늘 끝에서 나타난다면 으레 반드시 높은 곳에 올라가서 보아야 할 것입니다. 이제 정월 16일 기축(己丑)에 월식이 있는데, 사편법(四篇法)으로 이를 추구(推究)해 보건대, 대명력법(大明曆法)에는 월식하지 않는다고 되어 있으나 외편법(外篇法)에는 월식이 지하(地下)에 있다고 되어 있으며, 시헌법(時憲法)에는 유초1각(酉初一刻)에 복원(復圓)된다고 되어 있으나 내편법(內篇法)에는 유정초각(酉正初刻)에 복원된다고 되어 있습니다. 시헌법과 내편법으로 이를 살펴보건대, 복원되는 시각이 해가 질 때와 서로 가까우니….

이와 같이 일월식 시각 계산에서 삼편법 또는 사편법을 사용한 것은 크게 두 가지로 생각된다. 첫 번째는 일월식 시각을 정확히 예측하기 위해 서로 다른 세 가지 역법으로 계산한 일월식 시각을 제도화함으로써 어느 한 역법이 가지는 계산의 부정확성을 보완하려고 했던 것으로 보인다. 『중종실록』에는 1517년 6월 1일(乙巳) 일식에서 삼편법 중 내편법(內篇法)의 시각을 지나도록 일식하지 않더니, 외편법(外篇法)의 시각인 미초 삼각(未初三刻)에 이르러서야 일식했다고 기록하고 있다.[32] 또한, 1666년 음력 7월 3일 자 『승정원일기』에는 다음과 같은 기록이 있다.[33]

今月初一日救食, 時憲曆及內外篇法, 皆致差違,
至申正二刻初虧, 起自西方, 酉初三刻, 復於東北, 與大明曆法, 合而不差矣

이번 달 음력 초1일에 일어난 일식은 시헌력과 내외편의 계산과는 모두 차이가 났으나 중수대명력의 계산과는 맞아떨어져 차이가 없었다는 내용이다. 해당 기사는 1666년도 기사로 당시에는 시헌력이 시행되고 있었던 시기로 사편법 중에서 가장 오래된 역법이었던 중수대명력이 오히려 잘 맞았다는 것이다. 이와 같이 일월식은 왕실의 중요한 천체현상인 만큼 다양한 역법으로 식이 일어나는 시각에 대해 서로를 보완하려고 했던 것으로 보인다.

두 번째는 전대의 예에 따른 것으로 『서운관지(書雲觀志)』「교식(交食)」편에 따르면, 사편법은 내편법, 외편법, 시헌력법, 대명력법으로 이와 같이 서로 다른 역법으로 일월식을 계산하는 것은 『원사(元史)』「교식지(交食志)」에 수시력과 대명력 두 가지를 모두 실어 놓은 예에 따른 것이라고 언급하고 있다. 실제 『원사(元史)』 曆二 授時曆議下에는 『삼국이래일식(三國以來日食)』과 『전대월식(前代月食)』에는 『수시력』과 『중수대명력』으로 계산한 일식과 월식 시각이 수록되어 있다. 〈그림 3-2〉에서 위의 그림은 『삼국이래일식』으로 촉(蜀) 장무 원년(章武元年, 221)부터 원(元) 지원 14년(至元 14, 1277)까지 수시력과 중수 대명력으로 계산한 일식 시각(총 35건)이 기록되어 있다. 해당 부분은 그중 촉(蜀) 장무 원년(章武元年)부터 양(梁) 태청 원년(太淸元年, 547)까지의 일식 기록이다. 아래 그림은 『전대월식』으로 유송(劉宋) 원가 11년(元嘉 11, 434)부터 원(元) 지원 17년(1280)까지 수시력과 중수대명력으로 계산한 총 22건의 월식 시각이 기록되어 있다.

전통적으로 동아시아 왕조에서 제왕의 가장 독점적인 권한이자 책무는 관상수시(觀象授時), 즉 천문을 관측하여 백성들에게 절기와 시간을 알려주는 일이었다. 일월식 시간의 예보는 제왕의 의무 중 하나였으며, 더욱이 이 현상들은 왕조나 왕의 정치적 영향력과 밀접한 관련이 있다고 믿었기 때문에 정확한 시각의 예보는 당시에 중요한 의미를 가졌다.[34] 『조선왕조실록』 등에 따르면, 예로부터 '일식수덕(日食修德)', '월식수형(月食修刑)'이라는 말이 있는데, 일식에는 덕(德)을 닦아야 하고, 월식에는 형벌을 잘 처리해야 한다는 뜻이다. 그러므로 일식수덕, 월식수형을 하면 일월식이 일어나지 않는다고 믿었다. 일월식 시각의 정확한 예측은 역법의 정확성을 검증하는 척도였기 때문에[35] 중국과 한국에서 역법은 일월식 시간을 보다 더 정확히 예보하기 위한 발단의 과정이라고 해도 과언이 아니다. 그러므로 일식 계산을 정확하게 계산하기 위해서 당시 최신의 수학이 역법에 적용되었다. 이에 따라 12세기에 편찬된 『중수대명력』의 일식 계산 과정의 분석을 통해 당대 중국에서 발달한 수학적인 기법을 추가적으로 이해할 수 있을 것으로 본다.

為史官失之者得之其閒或差一日二日者蓋由古
曆疎闊置閏失當之弊姜岌一行已有定說孔子作
書但因時曆以書非大義所關故不必致詳也

三國以來日食

蜀章武元年辛丑六月戊辰晦時加未
授時曆食甚未五刻
大明曆食甚未五刻
右皆親二曆推戊辰皆七月朔

魏黃初三年壬寅十一月庚申晦食時加西南維
授時曆食甚申二刻
大明曆食甚申三刻

元史志卷五 十

右授時親大明次親二曆推庚申皆十二月
朔

梁中大通五年癸丑四月己未朔食在丙
授時曆虧初午四刻
大明曆虧初午四刻
右皆親

太清元年丁卯正月己亥朔食時加申
授時曆食甚申一刻
大明曆食甚申三刻

時無大明六

前代月食

宋元嘉十一年甲戌七月丙子望食四更二唱虧
初四更四唱食既
授時曆虧初四更三點食既在四更四點
大明曆虧初在四更二點食既在四更五點
右授時虧初親食既密合大明虧初密合食
既親

十三年丙子十二月己巳望食一更三唱食既
授時曆食既在一更三點

元史志卷五 十七

大明曆食既在一更四點
右授時密合大明親

十四年丁丑十一月丁亥望食二更四唱虧初三
更一唱食既
授時曆虧初在二更五點食既在三更二點
大明曆虧初在二更四點食既在三更二點
右授時虧初食既皆親大明虧初密合食既
親

梁中大通二年庚戌五月庚寅望月食在子
授時曆食甚在子正初刻

〈그림 3-2〉『원사(元史)』에 기록된 중수대명력과 수시력으로 계산한 일식(위)과 월식(아래)의 시각

〈그림 3-3〉은 이 책에서 활용한 중수대명력으로 상단의 왼쪽은 중국 『금사(金史)』에 수록된 중수대명력이고, 오른쪽은 서울대학교 규장각에 소장된 조선의 『중수대명력(奎12441)』이다. 하단의 왼쪽과 오른쪽은 각각 규장각 소장 중수대명력의 『일식가령(奎4049)』과 『월식가령(奎4051)』이다.

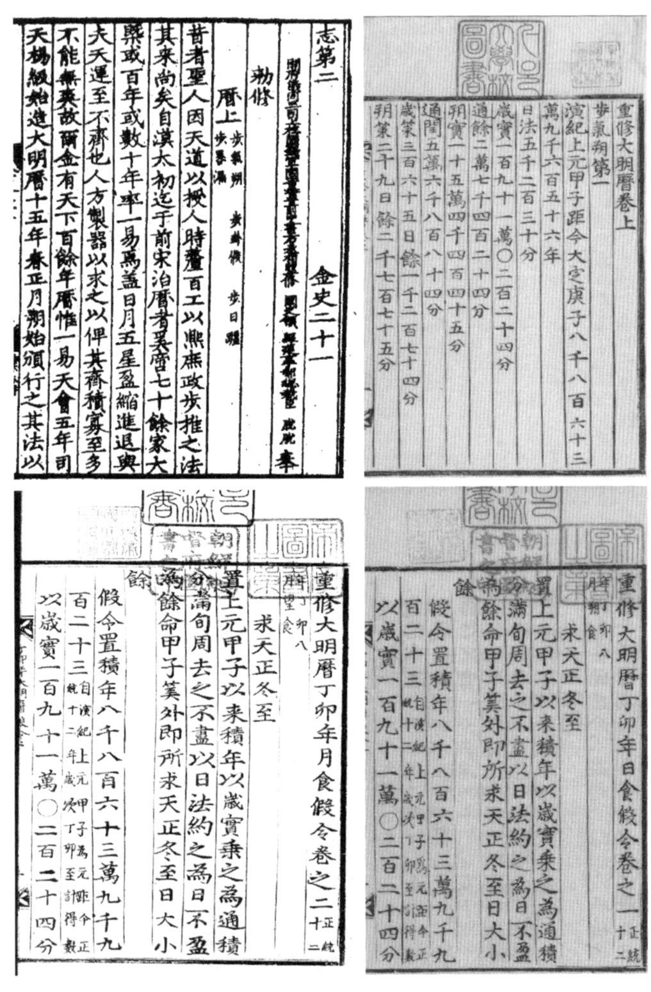

志第二　金史二十一

勅修

曆上 步氣朔 步卦候 步日躔 步晷漏

昔者聖人因天道以授人時蓋百工以熙庶政推步之法
其來尚矣自漢太初迄于前宋治曆者奚啻七十餘家大
槩或百年或數十年率一易焉蓋日月五星盈縮進退與
夫天運至不齊也人方製器以求之以俾其齊積寡至多
不能無爽故爾金有天下百餘年曆惟一易天會五年司
天楊級始造大明曆十五年春正月朔始頒行之其法以

重修大明曆卷上
步氣朔第一
演紀上元甲子距今大定庚子八千八百六十三
萬九千六百五十六年
日法五千二百三十分
歲實一百九十一萬〇二百二十四分
通餘二萬七千四百二十四分
朔實一十五萬四千四百四十五分
通閏五萬六千八百一十四分
歲策三百六十五日餘一千二百七十四分
朔策二十九日餘二千七百七十五分

重修大明曆丁卯年月食假令卷之二 正統十二
求天正冬至
置上元甲子以來積年以歲實乘之為通積
分滿旬周去之不盡以日法約之為日不盈
為餘命甲子筭外即所求天正冬至日大小
餘
假令置積年八千八百六十三萬九千九
百二十三 自演紀上元甲子為元距今正統十二年歲次丁卯至計得積數
以歲實一百九十一萬〇二百二十四分

重修大明曆丁卯年日食假令卷之一 正統十二
求天正冬至
置上元甲子以來積年以歲實乘之為通積
分滿旬周去之不盡以日法約之為日不盈
為餘命甲子筭外即所求天正冬至日大小
餘
假令置積年八千八百六十三萬九千九
百二十三 自演紀上元甲子為元距今正統十二年歲次丁卯至計得積數
以歲實一百九十一萬〇二百二十四分

〈그림 3-3〉 중국과 조선의 중수대명력(상단)과
조선의 중수대명력 일식가령과 월식가령(하단)

조선에서 사편법 체계에 의한 일월식 시간의 계산은 19세기 중반 무렵까지 유지된 것으로 추정된다. 『경국대전』에 취재시험과목으로 정해졌던 중수대명력은 1654년 시헌력이 시행되면서 삭제되었다. 『속대전(1746)』 이후의 계산시험은 시헌법, 칠정산의 교식계산[時憲法七政算交食算]과 (보천가)별자리 그리기[圖星]에서 시헌칠정계산으로 변경되었다.[36] 그러나 순조 18년(1818)에 성주덕(成周悳)이 편찬한 『서운관지』 「교식」 편에는 일월식이 일어나기 다섯 달 전에는 시헌력법으로 계산한 단자를 각 전(殿)과 궁(宮)에 바쳤으며, 7일 전에는 『중수대명력』을 포함한 사편법으로 계산한 단자를 대궐에 바치도록 했다. 또한, 고종 2년(1865)에 편찬된 『대전회통(大典會通)』의 관상감 취재(取才)에서는 다시 『경국대전』과 동일하게 삼편법의 일월식 계산이 포함되어 있다.

한편, 『조선왕조실록』과 『승정원일기』에서 사편법에 관한 기록은 각각 영조 30년(1754) 3월 월식과 영조 37년(1761) 4월의 월식 기록이 마지막이다. 이후의 기록들은 한 가지, 즉 시헌력으로 계산된 일월식만 수록되어 있다. 다음은 1883년과 1884년 박문국(博文局)에서 발행한 『한성순보(漢城旬報)』에 실린 일월식 기사이다.[37]

> [일식] 觀象監啓 『10월 1일 戊甲 朔, 日食이 있었습니다. 時憲法에 의하면 日食分이 8分 16秒로서 初虧는 卯正 2刻 10分에 西北 방향에서 시작하고, 食甚은 卯正 3刻 2分으로 正北 방향입니다. 復圓은 辰正 1刻 3分에 東北에서 끝이 납니다. 食限이 도합 9刻 9分이었고, 食甚宿次는 태양이 黃道 대화궁(大火宮) 7度 12分에 있을 때이오며, 이는 亢宿 4度 17分이었음을 삼가 아뢰니다』 하였다.
>
> "觀象監啓", 한성순보[漢城旬報], 18831120, 第三號

> [월식] 同日 觀象監草記 『月食이 있었는데 時憲法에 의하면 月食分이 14분 34초로서 初虧가 酉正 2刻 1分에 正東에서 시작하여 食旣는 戌初 2刻 8분, 食甚이 戌正 1刻 11分, 生光이 亥初 初刻 14分, 그리고 復圓은 亥正 1刻 6分에 正西에서 끝

이 납니다. 食限이 도합 15刻 5分이 걸렸고 食甚宿次는 달이 黃道 수성궁(壽星宮) 21度 1分에 있을 때이오며 이는 진수(軫宿) 11度 51分입니다』 하였다.

"觀象監草記", 한성순보[漢城旬報], 18840416, 第十八號

[월식] 17일 觀象監草記『今 8월 16일 밤 5更에 月食하였는데, 時憲法의 月食分을 상고해보니, 15分 37秒입니다. 初虧는 卯初 初刻 3分으로 正東에서 시작합니다. 食既는 卯正 初刻 3分이며, 食甚은 卯正 三刻 6分, 生光은 辰初 2刻 8분, 복원은 辰正 2刻 8분으로 正西에서 끝이 납니다. 食限이 도합 14刻 5分 걸렸고, 食甚宿次는 달이 黃道 강루궁(降婁宮) 12度 3分이며, 壁宿의 4度 29分입니다』 하였다.

"觀象監草記", 한성순보[漢城旬報], 18841009, 第三十六號

그러므로 관상감 내에서는 일월식 계산을 위해서는 적어도 19세기 중반까지는 사편법을 유지하면서 『중수대명력』이 사용되었을 것으로 생각된다. 그러나 『조선왕조실록』과 『승정원일기』 및 신문 등 공식적으로 발표되는 기록물 등은 18세기 중엽부터는 시헌력에 의한 결과만 알렸던 것으로 보인다.

3. 중수대명력과 중수대명력 일 · 월식가령의 구성과 내용

1) 중수대명력과 중수대명력 일 • 월식가령의 구성과 내용

현재 규장각에 소장된 중수대명력(奎12441)은 상(上), 하(下) 두 권(卷)으로 이루어져 있으며, 상권은 1장 기삭(氣朔), 2장 괘후(卦候), 3장 일전(日躔), 4장 구루(晷漏)이며, 하권은 5장 월전(月躔), 6장 교회(交會), 7절 오성(伍星)으로 이루어져 있다. 이는 『금사』에 수록된 중수대명력의 구성과 동일하다. 『칠정산내편』과 『칠정산외편』에서는 역 계산에 필요한 천문상수를 가장 앞에 모아 수록하고 있는 데 반해 중수대명력에서는 각 장에 수록되어 있다. 〈표 3-2〉는 중국과 조선의 중수대명력과 조선의 『중수대명력일식가령』 및 『중수대명력월식가령』의 각 장에 수록된 각 세부 항목을 정리한 것이다. 제1장 기삭(氣朔)은 역일 계산의 기본적인 날짜와 시각을 계산하는 것으로 매월의 삭(朔), 현(弦), 망(望)일 그리고 24기(氣)의 날짜와 시각의 계산에 관한 내용이다. 제2장 괘후(卦候)는 24기를 기후(氣候)에 따라 세분한 72후(候)를 비롯해 64괘(卦), 토왕용사(土王用事) 날짜를 구하는 방법이다. 제3장 일전(日躔)은 태양의 운동과 관련된 내용으로 동지 이후 매일 태양의 위치와 중심차(中心差), 이분이지(二分二至)의 태양 위치, 적도(赤道)와 황도(黃道) 좌표 변환 등에 대해 다루고 있다. 제4장 구루(晷漏)에서는 일출입 시각, 주야각(晝夜刻), 황도내외도(黃道內外度), 중성(中星)의 내용을 다루고 있다. 제5장 월리(月離)는 달의 운동과 관련된 내용으로 근지점으로부터 매일 달의 위치와 중심차, 그리고 태양과 달의 부등운동을 고려한 정삭일의 계산에 대한 내용이다. 제6장 교회(交會)는 일식과 월식의 초휴, 식심, 복원 시각, 식분 계산 등에 관한 내용이며, 제7장 오성(伍星)은 다섯 개의 행성인 수성, 금성, 화성, 목성, 토성의 위치 계산에 관한 내용이다.

중수대명력 일식가령과 월식가령에서는 제1장 기삭부터 5장 월리까지의 내용 중 일월식 계산에 필요한 내용만을 선별하여 1447년에 일어난 일식과 월식을 대상으로 단계별로 자세히 기술하고 있다. 그리고 중수대명력에 수록된 각종 천문상수들과 입성 자료들은 빠져 있으며, 필요에 따라서 다른 장에 편입되기도 한다. 예를 들어, 중수대명력 2장의 구발렴(求發斂)은 일식가령에서는 6장의 일식 계산에 포함되어 있는데, 이는 분(分) 단위로 계산한 일식 시각을 발렴(發斂)의 과정을 통해서 12시진(時辰)으로 변환하기 위해 이동한 것으로 보인다. 또한, 3장의 구동지적도일도(求冬至赤道日度)와 구천정동지가시황도일도(求天正冬至加時黃道日度)는 6장의 일월식심수차(日月食甚宿次)를 계산하기 위해 필요한 값으로 6장으로 옮겨졌다. 또한, 월식은 기차(氣差)와 각차(刻差) 그리고 일식거전후정분(日食去前後定分)을 계산하지 않으므로 월식가령에서는 빠져 있고, 대신 월식은 밤에 일어나는 것으로 12시진으로 된 월식 시각을 경점법으로 변환하는 방법이 수록되어 있다.

〈표 3-2〉 중국과 조선의 중수대명력과 「중수대명력정묘년 일식・월식가령」 항목 비교

국가	중국	조선		
구분	중수대명력 금사 백납본	중수대명력 규장각본(奎12441)	중수대명력 일식가령 규장각본(奎4049)	중수대명력 월식가령 규장각본(奎4051)
	曆上	重修大明曆 卷上	-	-
步氣朔 第一	1.1. 求天正冬至 1.2. 求次氣 1.3. 求天正经朔 1.4. 求弦望及次朔 1.5. 求没日 1.6. 求滅日		1.1. 求天正冬至 1.3. 求天正经朔 1.4. 求弦望及次朔	
步卦候 第二	2.1. 求七十二候 2.2. 求六十四卦 2.3. 求土王用事 2.4. 求發斂 二十四氣卦候(立成)		2.4. 求發斂 (6장으로 이동)	

<table>
<tr><th>국가</th><th>중국</th><th colspan="3">조선</th></tr>
<tr><th rowspan="2">구분</th><th>중수대명력
금사 백납본</th><th>중수대명력
규장각본(奎12441)</th><th>중수대명력
일식가령
규장각본(奎4049)</th><th>중수대명력
월식가령
규장각본(奎4051)</th></tr>
<tr><th>曆上</th><th>重修大明曆 卷上</th><th>-</th><th>-</th></tr>
<tr><td>步日躔
第三</td><td colspan="2">二十四氣日積度及盈縮(立成)
二十四氣日積度及朓朒(立成)
3.1. 求每日盈缩朓朒
3.2. 求经朔弦望入氣
3.3. 求每日損益盈缩朓朒
3.4. 求经朔弦望入氣朓朒定數
赤道宿度(立成)
3.5. 求冬至赤道日度
3.6. 求春分夏至秋分赤道日度
3.7. 求四正赤道宿積度
3.8. 求赤道宿積度入初末限
3.9. 求二十八宿黄道度
黄道宿度(立成)
3.10. 求天正冬至加時黄道日度
3.11. 求二十四氣加時黄道日度
3.12. 求二十四氣每日晨前夜半黄道日度
3.13. 求每日午中黄道日度
3.14. 求每日午中黄道積度
3.15. 每日午中黄道入初末限
3.16. 求每日午中赤道日度
太陽黄道十二次入宫宿度(立成)
3.17. 求入宫時刻</td><td colspan="2">3.2. 求经朔弦望入氣
3.3. 求每日損益盈缩朓朒
3.4. 求经朔弦望入氣朓朒定數
3.5. 求冬至赤道日度 (6장으로 이동)
3.10. 求天正冬至加時黄道日度 (6장으로 이동)</td></tr>
</table>

국가	중국	조선		
구분	중수대명력 금사 백납본	중수대명력 규장각본(奎12441)	중수대명력 일식가령 규장각본(奎4049)	중수대명력 월식가령 규장각본(奎4051)
	曆上	重修大明曆 卷上	-	-
步晷漏 第四	4.1. 求午中入氣中積 4.2. 求二至後午中入初末限 4.3. 求午中晷影定數 4.4. 求四方所在晷影 二十四氣陟降及日出分(立成) 4.5. 二分前後陟降率 4.6. 求每日出入晨昏半晝分 4.7. 求日出入辰刻 4.8. 求晝夜刻 4.9. 求更点率 4.10. 求更点所在辰刻 4.11. 求四方所在漏刻 4.12. 求黄道内外度 4.13. 求距中度及更差度 4.14. 求昏明五更中星		4.7. 求每日出入晨昏半晝分	
	曆 下	重修大明曆 卷下		
步月離 第五	5.1. 求經朔弦望入轉 5.2. 轉定分及積度朓朒率 5.3. 求朔弦望入轉朓朒定數 5.4. 求朔望定日 5.5. 求定朔弦望中積 5.6. 求定朔・弦・望加時日度 5.7. 求定朔弦望加時月度 5.8. 夜半午中入轉 5.9. 求加時及夜半月度 5.10. 求晨昏月度		5.1. 求經朔弦望入轉 5.3. 求朔弦望入轉朓朒定數 5.4. 求朔望定日	

<table>
<tr><th>국가</th><th>중국</th><th colspan="3">조선</th></tr>
<tr><th rowspan="2">구분</th><th>중수대명력
금사 백납본</th><th>중수대명력
규장각본(奎12441)</th><th>중수대명력
일식가령
규장각본(奎4049)</th><th>중수대명력
월식가령
규장각본(奎4051)</th></tr>
<tr><th>曆上</th><th>重修大明曆 卷上</th><th>-</th><th>-</th></tr>
<tr><td>步月離
第五</td><td colspan="2">5.11. 求朔弦望晨昏定程
5.12. 求每日轉定度
5.13. 求平交日辰
5.14. 求平交入轉朓朒定數
5.15. 求正交日辰
5.16. 求經朔加時中積
5.17. 求正交加時黃道月度
5.18. 求黃道宿積度
5.19. 求黃道宿積度入初末限
5.20. 求月行九道宿度
5.21. 求正交加時月離九道宿度
5.22. 求定朔望加時月所在度
5.23. 求定朔弦望加時九道月度</td><td colspan="2"></td></tr>
<tr><td rowspan="2">步交會
第六</td><td colspan="2" rowspan="2">6.1. 求朔望入交
6.2. 求定朔每日夜半入交
6.3. 求定朔望加時入交
6.4. 求定朔望加時入交積度及陰陽曆
6.5. 求月去黃道度
6.6. 求朔・望加時入交常日及定日
6.7. 求人交陰陽曆前後分
6.8. 求日月蝕甚定餘
6.9. 求日月食甚日行積度
6.10. 求氣差</td><td colspan="2">6.1. 求朔望入交
6.6. 求朔・望加時入交常日及定日
6.7. 求人交陰陽曆前後分
6.8. 求日月蝕甚定餘
6.9. 求日月食甚日行積度</td></tr>
<tr><td>6.10. 求氣差
6.11. 求刻差
6.12. 求日食去交前後定分</td><td>-</td></tr>
</table>

<table>
<tr><th>국가</th><th>중국</th><th colspan="3">조선</th></tr>
<tr><th rowspan="2">구분</th><th>중수대명력
금사 백납본</th><th>중수대명력
규장각본(奎12441)</th><th>중수대명력
일식가령
규장각본(奎4049)</th><th>중수대명력
월식가령
규장각본(奎4051)</th></tr>
<tr><th>曆上</th><th>重修大明曆 卷上</th><th>-</th><th>-</th></tr>
<tr><td rowspan="4">步交會
第六</td><td colspan="2" rowspan="4">6.11. 求刻差
6.12. 求日食去交前後定分
6.13. 求日食分
6.14. 求月食分
6.15. 求日食定用分
6.16. 求月食定用分
6.17. 求月食入更點
6.18. 求日食所起
6.19. 求月食所起
6.20. 求日月出入帶食所見分數
6.21. 求日月食甚宿次</td><td>6.13. 求日食分
6.15. 求日食定用分
+ 求發斂 (步卦候)</td><td>6.13. 求月食分
6.15. 求月食定用分
+ 求發斂 (步卦候)</td></tr>
<tr><td>-</td><td>求月食入更點</td></tr>
<tr><td>6.18. 求日食所起</td><td>6.18. 求月食所起</td></tr>
<tr><td colspan="2">6.20. 求日月出入帶食所見分數
+求冬至赤度日度(步日躔)[38]
+求天正冬至加時黃道日度 (步日躔)
6.21. 求日月食甚宿次</td></tr>
<tr><td>步五星
第七</td><td colspan="2">木星(立成)
火星(立成)
土星(立成)
金星(立成)
水星(立成)
7.1. 求五星天定冬至後平合及諸段中積中星
7.2. 求五星平合及諸段入曆
7.3. 求五星平合及諸段盈縮定差
7.4. 求五星平合及諸段定積
7.5. 求五星平合及諸段在日月
7.6. 求五星平合及諸段加時定星
7.7. 求五星諸段初日晨前夜半定星
7.8. 求諸段日率度率
7.9. 求諸段平行分
7.10. 求諸段総差日差</td><td colspan="2">-</td></tr>
</table>

국가	중국	조선		
구분	중수대명력 금사 백납본	중수대명력 규장각본(奎12441)	중수대명력 일식가령 규장각본(奎4049)	중수대명력 월식가령 규장각본(奎4051)
	曆上	重修大明曆 卷上	-	-
	7.11. 求前後伏遲退段增減差 7.12. 求每日晨前夜半星行宿差 7.13. 求五星平合及見伏入氣 7.14. 求五星平合及見伏行差 7.15. 求五星定合見伏汎差 7.16. 求五星定合定積定星 7.17. 求木火土三星定見伏定積日 7.18. 求金水二星定見伏定日積		-	

2) 중수대명력 일・월식가령의 일식과 월식 계산 순서도

〈그림 3-4〉와 〈그림 3-5〉는 각각 1447년 음력 8월 삭(朔)일의 일식과 망(望)의 월식 계산 예제가 담겨 있는 일월식가령에 따라 정리한 순서도(flowchart)이다. 중수대명력의 1장 기삭부터 5장의 월리까지의 구성 내용들은 각각의 필요한 일력자료 결괏값을 돌출하기 위한 계산과정 이외에도 최종적으로 6장의 일월식 계산을 위에 사용되는 값이다. 그러므로 네모 박스 내에 적힌 숫자는 중수대명력 내의 챕터를 나타낸 것이다. 예를 들어, 가장 위 칸의 1) 통적분(通積分)에서 "1)"은 바로 중수대명력 "제1장 기삭(氣朔)"에서 계산되는 값을 의미한다. 그리고 나머지 번호가 없는 칸은 6장 일월식 계산의 각각 단계에서 돌출해야 할 결괏값이다. 한편, 굵은 선의 네모 박스의 "T"는 각각의 계산에 필요한 수표(mathematical table)를 나타낸 것으로 입성(立成)이라고 한다. 제3장 일전(日躔), 제4장 구루(晷漏), 제5장 월리(月離)에서는 각각의 입성

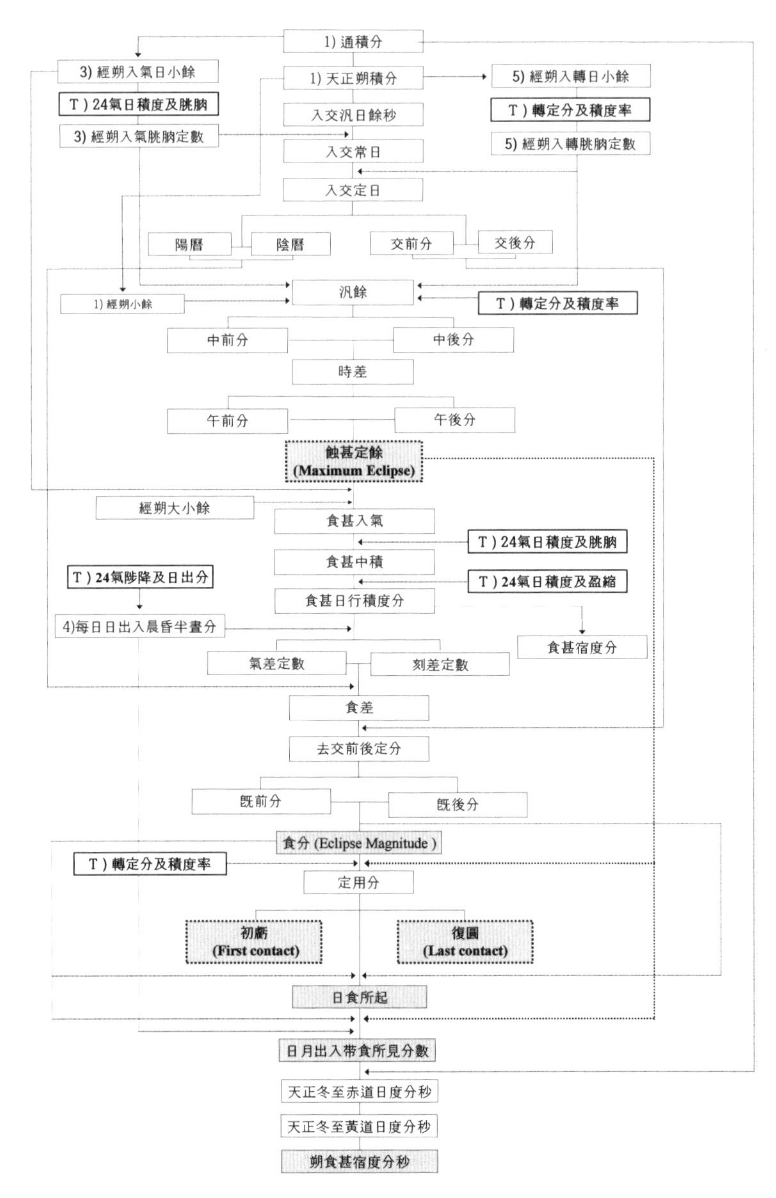

〈그림 3-4〉 중수대명력의 일식 계산 순서도: 중수대명력 1장의 삭일 계산(步氣朔)부터 3장의 태양운동 계산(步日躔), 4장의 일출입 시각 계산(步晷漏) 그리고 5장, 달의 운동 계산(步月離)에 관한 구성 내용들은 6장의 일월식 계산(步交會)을 위에 사용된다. 일식 계산의 중간 단계에서 식심정여를 계산하고, 마지막에 정용분(定用分)을 계산하여 초휴(初虧)와 복원(復圓) 시각을 구한다. 진한 색 테두리의 박스 (T)는 각 계산에 사용되는 입성이다.

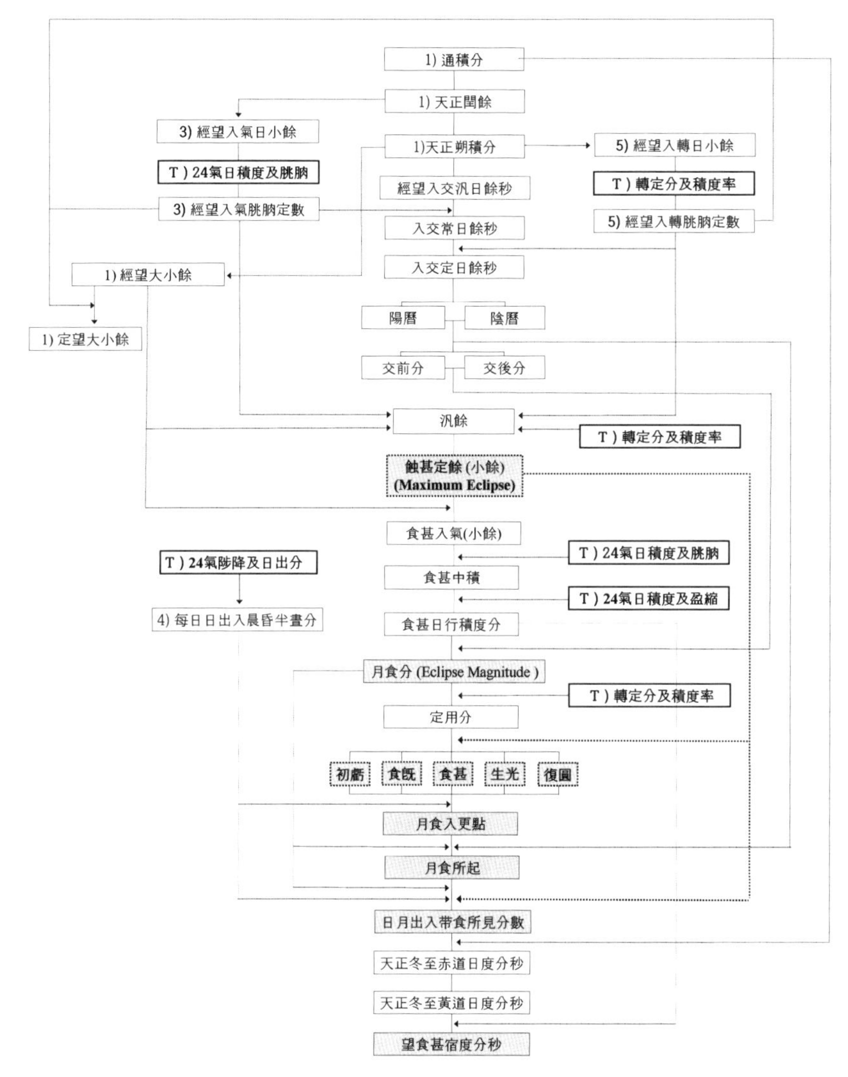

〈그림 3-5〉 중수대명력의 월식 계산 순서도: 중수대명력 1장의 삭일 계산(步氣朔)부터 3장의 태양운동 계산(步日躔), 4장의 일출입 시각 계산(步晷漏), 그리고 5장 달의 운동 계산(步月離)에 관한 구성 내용들은 6장의 일월식 계산(步交會)을 위에 사용된다. 월식 계산의 중간 단계에서 식심정여를 계산하고, 마지막에 정용분(定用分)을 계산하여 초휴(初虧)와 식기(食既), 생광(生光), 복원(復圓) 시각을 계산한다. 진한 색 테두리의 박스(T)는 각 계산에 사용되는 입성이다.

을 활용해야 필요한 값을 최종적으로 얻을 수 있다. 입성을 차례대로 살펴보면, 3장의 일전에는 〈이십사기일적도급조뉵(二十四氣日積度及朓朒)〉과 〈이십사기일적도급영축(二十四氣日積度及盈縮)〉이 있고, 4장의 구루에는 〈이십사기척강급일출분(二十四氣陟降及日出分)〉, 5장의 월리에는 〈전정분급적도조뉵율(轉定分及積度朓朒率)〉 입성이 있다. 각각의 입성에 관한 상세한 내용은 각각의 장에서 설명할 것이다.

3) 연구 목적과 방향

세종 재임 기간에 편찬된 삼편법 중에서 칠정산내편, 칠정산외편에 관한 연구는 주로 국내 학자들에 의해 수행되었다. 먼저 칠정산내편은 조선왕조실록의 국역 사업의 일환으로 유경로 등(1973)에 의해 처음 연구되었으며, 이은희(1996, 2007)는 칠정산내편의 일식 계산 방법의 연구와 더불어, 세종 대에 칠정산내편과 칠정산외편이 편찬되기까지의 과정을 전반적으로 연구하였다. 또한, 전용훈(2021, 2022a)은 칠정산내편과 한양의 시간과의 관련성에 관한 연구를 했다. 최근에는 한영호 등(2016)에 의해 칠정산내편이 재번역되었다. 칠정산내편은 기본적으로 수시력 계열의 역법이지만 한양의 입 · 출입 시각을 사용한다는 점이 특징이며, Lee et al.(2011)은 『칠정산내편』에 수록된 일 · 출몰 시각은 현대 계산 결과와 비교했을 때 약 2분 차이를 보인다고 하였다. 반면 칠정산외편에 관한 연구는 안영숙(2005)에 의해 본격적으로 시도되었으며, 김동빈(2009)은 칠정산외편의 일 · 출몰 시각과 일식 계산 과정을 전산화하여 조선 전기의 일식 기록을 검증하는 연구를 수행하였다. 또한, 조선왕조실록의 일식 기록 중 각(刻) 단위까지 기록된 1437년, 1517년, 1603년의 값을 칠정산외편 전산 프로그램으로 계산한 결과와 비교하여 일식과 일출분의 최적지를 계산하였다. 그리고 한영호 등(2018)은 이슬람 역법에서 조선의 칠정산외편이 편찬되기까지의 과정을 상세히 연구하였다. 한편, 안영숙 등(2011)은 DE405 천체력과 현대 천체역학적 방법을 이용하여 조선시대에 일어난 모든 일식들을 계산하여 일식도를 그려서 역사 문헌의 기록들과 비교 분석하는 연구를 수행하였다.

이 책은 금의 조지미가 만든 중수대명력에 관한 내용이다. 중수대명력은 칠정산내편, 칠정산외편과 더불어 조선시대 전 기간에 걸쳐 일월식 계산에 사용된 삼편법 중의 하나이지만 그동안 이에 대한 연구는 거의 수행된 바가 없다. 국내 소장된 중수대명력은 프랑스 최초 한국학 학자였던 모리스 쿠랑(Maurice Courant)에 의해 1896년 무렵 국내외에 소개된 바 있다.[39] 또한, Li & Zhang(1998b), Sivin, N.(2008), Li, L.(2011), 陈美东(1995), 张培瑜(2007), 曲安京(2008)에 의해 중국에서 편찬된 다른 역법서들과 함께 일부 수학적인 분석이 진행되었다. 嚴敦傑(1966)에 의하면 수시력에서의 삼차방정식 사용은 중수대명력에서 유래한 것으로 알려져 있다. 한편, 중수대명력은 몽골제국의 훌라구 칸(Hulagu Khan, 1215-1265)이 세운 일한국(Ilkhanid, 1256-1335)에서 사용되었던 지즈에 수록되었는데, 이와 관련하여 이은희 등(2021), ISAHAYA Yoichi(2009), Melville, C.(1994), Benno van Dalen et al.(1997), Kennedy, E. S.(1964) 등은 중수대명력과 지즈와의 관련성에 관한 연구를 수행하기도 했다. 또한, 최근 중수대명력의 역일 계산을 통해 이 역법이 고려시대 때 사용되었을 개연성에 관한 연구가 수행된 바가 있다.[40]

이 책에서는 중수대명력일월식가령에 따라 일식과 월식 계산으로 범위를 한정하였다. 따라서 괘후나 오성 등의 내용들은 제외하였다. 또한, 이 책에서는 『중수대명력(奎12441)』과 『중수대명력일식가령(奎4049)』 및 『중수대명력월식가령(奎4051)』에 따라 원문을 직접 해석하고, 내용을 분석하였다. 그러므로 일월식가령 계산에 포함되지 않는 중수대명력의 계산법이 있다. 그리고 각 장의 주제에 따라 중수대명력 일식과 월식 계산 프로그램을 개발하였으며 수치적 분석도 함께 진행하였다. 계산 프로그램값의 검증을 위한 현대 계산은 Meeus(1998)의 알고리즘과 미국 JPL(Jet Propulsion Laboratory)에서 배포한 DE406 천체력(Standish et al., 1997)을 이용하였으며, 날짜 계산을 위한 음양력 변환은 한보식(2001)과 안영숙 등(2009)의 방법을 따랐다. 그리고 중수대명력에 수록된 천문상수와 각 장의 계산과정에서 일부 용어들을 칠정산내편과 비교하였으며, 마지막으로 부록에 이를 정리하였다.

중수대명력이 수록된 금사는 시대별 판본에 따라 천문상수나 수표(數表)의 값에 약간의 차이를 보이고 있다. 금사의 초본은 원(元) 순제 지정(至正) 5년(1345) 9월에 출판되었다.[41] 따라서 이 책에서는 1935년 상무인서관(商務印書館)에서 초본인 지정간본(至正刊本)을 저본으로 영인 출판한 『금사』 백납본(百衲本)에 수록된 중수대명력을 활용하였으며, 이성규 등(2016)이 국역(國譯)한 금사도 일부 참고하였다.

본 책의 내용은 다음과 같이 구성되어 있다. 1장에서는 앞서 기술한 것처럼 먼저 한국과 중국의 역법과 역서에 대해 설명하고, 중국과 한국에서의 역법 변천사에 대해 살펴보았다. 2장에서는 중국과 한국에서 편찬된 중수대명력과 관련한 편찬과정과 특징을 서술하였다. 그리고 조선시대 일월식 계산에 사용된 칠정산내편과 칠정산외편, 그리고 중수대명력과 관련된 선행연구들을 소개하고, 이 책의 목적, 범위, 필요성에 대해 서술하였다. 3장부터는 본격적인 일 · 월식 계산의 과정으로, 모든 역법 계산의 기준이 되는 삭일과 24기 등의 역일 계산방법에 대해 논하였다. 4장에서는 태양과 달의 운동에 대해 현대 수학적 측면에서 분석하였으며, 이를 토대로 중수대명력에 수록된 태양과 달의 부등운동량, 일출입 시각을 현대 천체역학적 계산 결과와 비교하였다. 특히 일출입 시각의 경우 시각의 기준위도(즉, 수도)에 대해 추정하였다. 5장과 6장에서는 각각 중수대명력 일식과 월식의 계산방법에 대해 분석하였다. 그리고 일식과 월식가령에 수록된 1447년 8월 삭(朔)과 망(望)의 일월식을 『칠정산내편교식가령』과 『칠정산외편일월식가령』에 기록된 시각과 현대 계산 결과와 함께 비교하였다.

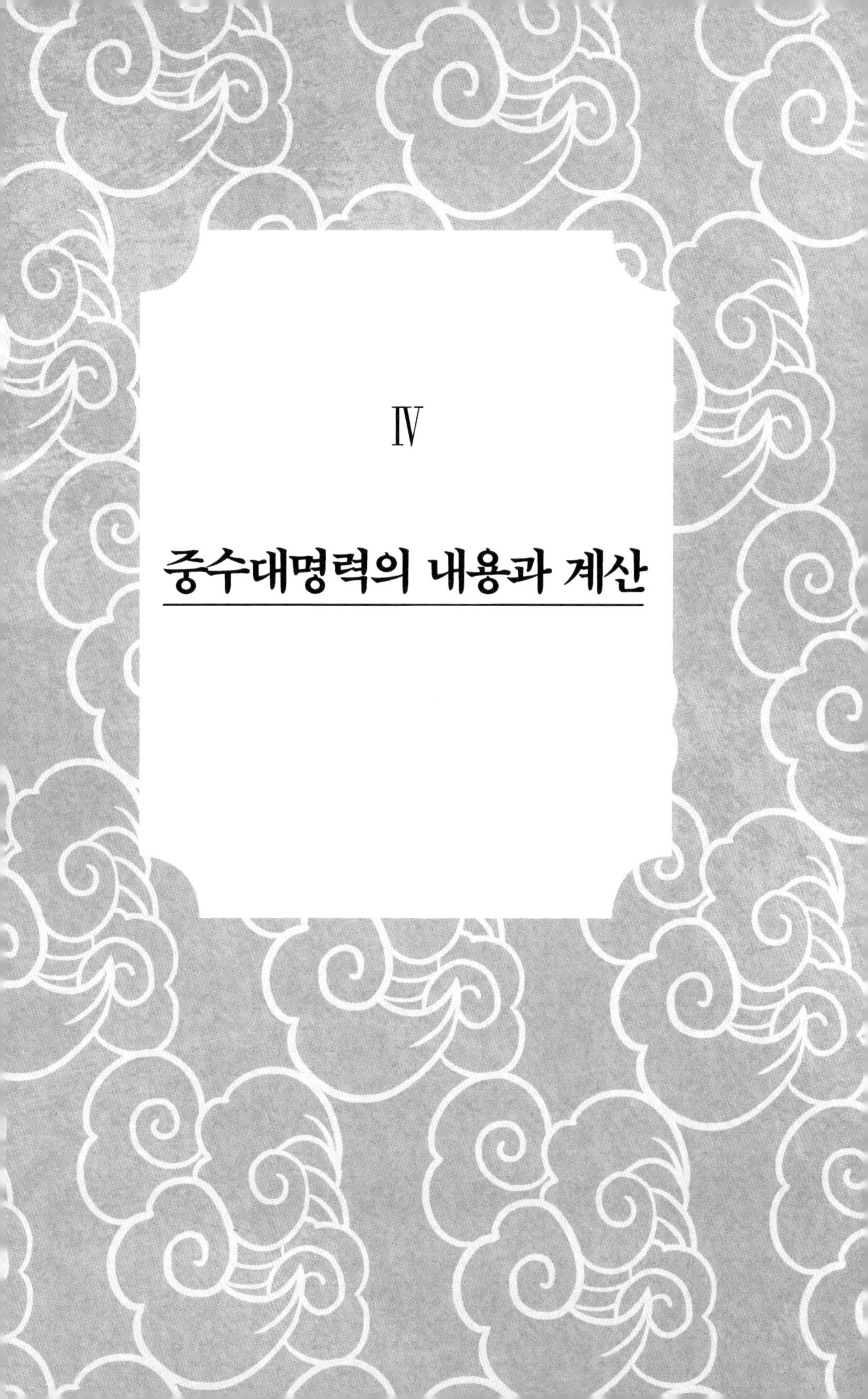

Ⅳ

중수대명력의 내용과 계산

...

보기삭(步氣朔)

1. 천문상수

보기삭(步氣朔)의 기(氣)와 삭(朔)은 각각 24기(氣)와 합삭일을 의미하고, 역을 추산하는 것을 보력(步曆)이라고 한다.[1] 이 장은 천정동지(天正冬至)와 24기, 천정경삭(天正經朔) 그리고 상현(上弦), 망(望), 하현(下弦)을 계산한다.

연기상원갑자거금대정경자(演紀上元甲子距今大定庚子)	8863만 9656년
일법(日法)	5230분
세실(歲實)	191만 0224분
통여(通餘)	2,7424분
삭실(朔實)	15만 4445분
통윤(通閏)	5,6884분
세책(歲策)	365일 1274분
삭책(朔策)	29일 2775분
기책(氣策)	15일 1142분 60초
망책(望策)	14일 4002분 45초
상책(象策)	7일 2001분 22초 반
몰한(沒限)	4087분 30초
삭허분(朔虛分)	2455분
순주(旬周)	31만 3800분
기법(紀法)	60
초모(秒母)	90

1) 중수대명력의 역원(曆元)

역법 계산의 기준으로 삼는 해를 역원(曆元)이라고 한다. 중수대명력의 역원으로부터 누적된 적년(積年)은 8863만 9656년으로 연기상원갑자(演纪上元甲子)로부터 대정경자(大定庚子, 1180)년까지의 값이다. y는 구하고자 하는 연도이고, 역원부터 구하고자 하는 연도(y)까지의 기간을 적년(積年, A^y)이라고 할 때, 중수대명력 가령에 따라 계산하면 정묘년(1447)까지의 적년은 8863만 9923년이 된다.

$$A^y = 8863{,}9656 + (y-1180)$$

2) 일법(日法)

하루의 길이를 분(分) 단위로 나타낸 것으로 5230분(分)이다. 하루의 길이가 5230분이므로[2] 정오(noon)는 절반인 2615분에 해당한다. 이후, 원의 수시력(授時曆)과 명의 대통력(大統曆) 및 조선의 칠정산내편(七政算內篇)에서 하루의 길이는 10,000분이다.

3) 세책(歲策)

세책은 1태양년 길이(tropical year)를 일 단위로 나타낸 것으로 365일 1274분이다.

4) 세실(歲實)

세실은 1태양년 길이 분 단위로 나타낸 것으로 191만 0224분이다.

세실 = 세책 × 일법

5) 기법(紀法)

기법은 간지(干支)의 주기인 60을 나타낸 것으로 일진(日辰)을 알기 위해 계산되는 값이다. 간지의 주기는 십간(十干)과 십이지(十二支)를 60으로 배당한 것으로 일(日)의 단위가 0이면 일진은 갑자일(甲子日)이 된다. 만약 일(日)의 단위가 기법보다 크면 기법으로 나눈 나머지를 60간지로 일진을 구한다.

6) 순주(旬周)

순주는 기법(紀法)에 일법을 곱한 값으로 31만 3800분이다.

순주 = 기법 × 일법

7) 통여(通餘)

통여는 1년의 길이인 세실에서 순주를 제하고 남은 값으로 2,7424분이다.

통여 = MOD(세실, 순주)

8) 기책(氣策)

기책은 1년의 길이인 세책을 24등분한 값으로 15일 1142분 60초이다. 이를 이용하여 구한 24기의 방법은 평기법(平氣法)이라고 한다.

기책 = 세책 / 24

9) 삭책(朔策)

삭책은 1삭망월(synodic month) 길이를 나타낸 것으로 29일 2775분이다. 삭실은 1삭망월의 길이를 분(分)으로 나타낸 값이고, 삭책은 일(日) 단위로 나타낸 것이다. 삭책의 값을 이용하여 구한 매월의 경삭일(經朔日)은 달의 평균 운동을 기준으로 한 값이다. 현대의 값은 29.530588일이다.[3]

삭실 = 삭책 × 일법

10) 삭실(朔實)

삭실은 삭책에 일법을 곱하여 분단위로 나타낸 것으로 15만 4445분이다.

삭실 = 삭책 × 일법

11) 망책(望策)

망책은 삭책의 1/2에 해당하는 평균값으로 14일 4002분 45초이다. 경삭일에 망책을 더하여서 망일을 구하는 것을 경망(經望)이라고 한다.

망책 = 삭책 / 2

12) 상책(象策)

상책은 삭책의 1/4 또는 망책의 1/2에 해당하는 평균값으로 7일 2001분 22초 반이다. 경삭일에 상책을 누적하여 더해 가면 각각 경상현과 경망, 경하현 그리고 다음 경삭일을 계산할 수 있다.

상책 = 삭책 / 4 (또는, 망책 / 2)

13) 통윤(通閏)

통윤은 세실과 12삭실의 차이를 분 단위로 나타낸 것으로 5,6884분이다. 이를 일(日)의 단위로 변환하면 약 10.8765일이 된다. 현대에는 음력에서 12달의 길이는 약 354.3671일로 1태양년의 길이인 약 365.2422보다 약 11일(10.8751)이 짧다. 그러므로 이 차이를 보정하기 위해서 태음태양력에서는 윤달을 넣는다.

통윤 = 세실 - (12×삭실)

14) 몰한(没限)

몰한은 16일에서 기책을 감한 값으로 4087분 30초이다.

몰한 = 16일 - 기책

15) 삭허분(朔虛分)

삭허분은 30일에서 삭책인 29일 2775분을 감한 값으로 2455분이다.

삭허분 = 30일 - 삭책

16) 초모(秒母)

중수대명력에서 하루의 단위를 일, 분, 초로 나타낼 때 다양한 초모(秒母)의 값을 사용한다. 기삭(氣朔)의 초모는 역일의 시간을 나타낼 때 사용하는 값으로 초의 값이 90이 넘으면 1분이 된다.

1분 = 90초

역일의 계산은 역법 계산의 가장 기본적인 단계로 계산 기점인 전년도 천정동지부터 그해 12월까지 날짜를 정하는 것이다. 합삭(合朔, new moon) 시각이 든 날을 음력 초1일로 정하여 합삭에서 다음 합삭까지 한 달의 길이를 구하며, 천정동지 바로 직전의 삭일을 천정경삭(天正經朔)으로 한다. 천정경삭에 망책(望策)을 더하여 경망(經望, full moon)을 구하는데, 통상 음력 15일경에 해당한다. 또한 합삭과 망에는 각각 일식과 월식이 일어나기 때문에 일월식 계산의 첫 단계는 합삭과 망 시각을 구하는 것이다. 24기(氣)는 황도를 따라 움직이는 태양을 24개의 일정한 간격으로 나누어 24기 입기 시각을 구하며, 항기(恒氣) 또는 평기(平氣)라고 한다. 동지(冬至, winter solstice)는 태양의 고도가 가장 낮을 때이고, 반대로 가장 높은 위치에 있을 때가 하지(夏至, summer solstice)이다. 이 장에서는 역법 계산의 기준점이 되는 천정동지, 24기, 천정경삭과 매월의 경삭 · 현 · 망일의 계산에 대해 다룬다.

2. 기삭 추산

1) 천정동지 계산(求天正冬至)

11월 동지를 천정동지(天正冬至)라고 하며, 역일을 계산하려는 이전 해의 11월 동지가 모든 역일 계산의 기준점이 된다. 이 계산은 중수대명력 역(曆) 계산의 기준점인 상원갑자로부터 구하고자 하는 해의 계산 기준점인 천정동지를 구하는 것이다(〈그림 4-1〉 참조). 중수대명력에서 천정동지를 구하는 방법은 아래와 같다.

> 역원인 상원갑자(上元甲子)로부터의 적년(積年)에 세실(歲實)을 곱하면 통적분(通積分)이 된다. 이에 순주(旬周)로 거듭 제한 나머지를 일법(日法)으로 나누면 구하고자 하는 일(日)이 된다. 일이 차지 않은 것은 나머지가 분(分)과 초(秒)가 된다. 일진(日辰)은 갑자(甲子)로부터 계산한다. 구해진 수는 천정동지의 일(日)과 분초(分秒)이다.

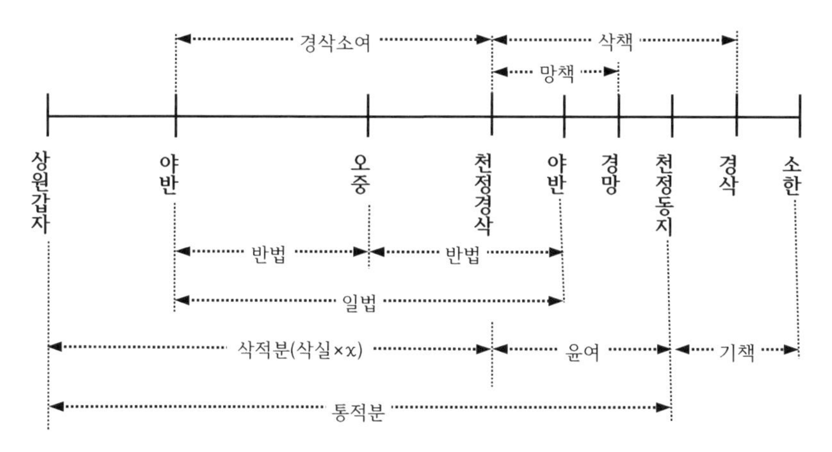

〈그림 4-1〉 역일 계산: 상원갑자와 천정동지 사이의 거리는 통적분이 되고, 통적분을 순주로 제하여 남는 것을 일법으로 나누면 천정동지가 된다. 통적분(t^4)에서 삭실을 x번 제하면, 천정경삭과 천정동지 사이의 길이인 천정윤여(Uy)가 된다. 통적분에서 천정윤여를 빼면 삭적분이 되는데, 이는 삭실×x와 같다. 삭적분을 순주로 제하여 남는 것을 일법으로 나누면 천정경삭을 구할 수 있다. 천정동지에 기책을 누적하여 더하면 다음 24기를 계산할 수 있고, 천정경삭에 삭책을 누적하여 더하면 다음 경삭을 구할 수 있다.

역원으로부터 구하고자 하는 해(年)까지의 길이를 적년(A^y)이라고 하는데, 천문상수에서 상원갑자(上元甲子)로부터 대정경자년(大定庚子, 1180)까지의 A^y의 값이 8863만 9656년으로 미리 계산되었으므로, 실제 구하고자 하는 연도(y)까지의 총 적년(A^y)은 다음과 같이 계산한다.

$$A^y = 8863{,}9656 + (y-1180) \quad (1)$$

A^y에 세실(191만 0224분)을 곱하면 통적분(t^A)이 되는데, 역원부터 천정동지까지의 기간을 분(分) 단위로 나타낸 값이다.

$$t^A = A^y \times 191{,}0224 \quad (2)$$

이를 당시의 날짜 표기 방법이었던 일진으로 나타내기 위해서는 통적분을 60간지(干支)의 단위로 변환하기 위해, 통적분을 60간지에 일법(5230분)을 곱한 값인 순주(旬周) 31만 3800으로 나누어 준다.

$$S = MOD(t^A, 313800) \quad (3)$$

순주로 나눈 나머지는 일법(5230)으로 나누면 일(日, t^d)이 되는데, 이를 간지번호로 세어나가면 천정동지 날짜를 일진으로 나타낼 수 있다. 그리고 나머지는 분초(t^m)가 된다.

$$t^d_y = INT(S/5230) \quad (4\text{-}a)$$

$$t^m = MOD(S, 5230) \quad (4\text{-}b)$$

예를 들어, 『중수대명력정묘년일식가령(이후 '가령'이라고 함)』에 따라 정묘년(1447)을 계산하면 다음과 같다. $y = 1447$일 때, 식 (1)에 따라 A^y = 8863,9923이 되고, 이에 식 (2)와 (3)에 의해 각각, t^A = 169,3221,0827,2752,

S = 13,4352가 된다. 그리고 식 (4-a), (4-b)에 의해 t^{d}_{1447} = 25, t^{m} = 3602로, 1447년의 천정동지는 25일 3602분이 된다. 정수 부분인 25를 갑자(甲子)로부터 세어나가면 일진(日辰)은 기축(己丑)이다.

2) 24기(氣)의 계산(求次氣)

1태양년의 길이를 24등분하여 동지를 기준으로 24기(氣)의 날짜와 시간을 계산하는 방법으로, 24기는 12개의 절기(節氣)와 12개의 중기(中氣)로 이루어져 있다. 현대의 24기는 실제 태양의 위치에 근거하여 춘분점을 기준으로 동쪽(반시계 방향)으로 황도를 15° 간격으로 나누어서 24점을 정했을 때, 태양이 각 점을 지나는 시기를 구한다.[4] 이때 각 점을 지나는 순간이 24기 입기 시각이 된다. 24기 입기 시각을 정하는 방법은 평기법(平氣法)과 정기법이 있다. 지구의 공전 속도는 근일점에서 빠르고 원일점에서 느리기 때문에 24기의 입기 시각은 태양의 황도상의 위치에 따라 달라진다. 실제 태양의 움직임을 반영한 현재의 24기는 정기법에 해당한다. 한편, 중수대명력에서 24기는 평기법으로, 태양의 평균운동을 반영한 것이다. 중수대명력에서 일출 시각과 태양운동 등에 관한 입성(立成, table) 값은 24기에 따라 정리되어 있으므로 24기 날짜를 구하는 것이 중요하다.

> 천정동지의 일과 분에 기책(氣策)을 누적하여 더한다. 초(秒)가 초모(秒母)보다 차면 분(分)이 된다. 분(分)이 일법(日法)보다 차면 일(日)이 된다. 즉 다음의 기의 일(日)과 여초(餘秒)를 얻는다.

계산하는 방법은 3.1.1에서 구한 천정동지의 일과 분초에 기책(氣策) 15일 1142분 60초를 누적하여 더하면, 천정동지 이후의 매 24기(氣, t^{q}_{i})를 구할 수 있다.

$$t^{q}_{i} = W_S + 15.114260 \times (i - 1) \qquad (i = 1,2,3\cdots\cdots24) \qquad (5)$$

단, 여기서 i는 24기를 나타내는데, 예를 들어 i = 1,7,13,19일 때, 각각 동지, 춘분, 하지 그리고 추분이다. 식 (5)에 의해 계산된 t^{q}_{i}에서 일(日)의 값이 일 〉 기법(紀法, 60)인 경우에는 기법인 60을 감한다. 이는 날짜를 일진으로 표현하기 위한 방법으로 날짜와 관련된 역일(曆日)과는 다르다. 또한, 분(分), 초(秒)의 값이 각각 분 〉 일법(日法, 5230분), 초 〉 초모(秒母, 90초)일 경우에도 분의 값에서 일법을 감하고, 초의 값에서 초모를 감한다. 이는 중수대명력의 하루의 길이는 5230분이고, 초의 단위는 90초가 1분에 해당하기 때문이다.

가령에 따라 1447년 천정동지 이후 절기인 소한(i = 2)의 날짜를 계산하는 방법은 다음과 같다. 동지는 25일 3602분 00초이므로 식 (5)에 따라 계산하면, t^{q}_{2} = 40.474460으로 소한의 날짜는 40일 4744분 60초가 된다. 정수 부분인 40을 갑자(甲子)로부터 세어나가면 일진(日辰)은 갑진(甲辰)이다.

3) 천정경삭 계산(求天正经朔)

천정경삭은 음력 일자를 정하는 기준으로, 천정동지 직전의 삭일(朔日)을 구하는 것으로서 달의 평균운동으로 구하는 평삭(平朔) 또는 경삭(經朔)을 사용한다. 이는 태양과 달의 황경이 일치하는 현대의 합삭 곧 정삭과 다르다. 결국 경삭(평균합삭)에 지구의 타원궤도 운동에 의한 중심차(中心差, equation of the center)를 보정하여 정삭으로 보정한다.

> 삭실(朔實)로 통적분(通積分)을 제한다. 다 제하여 버리면 천정윤여(天正閏餘)가 된다. 이것을 통적분에서 감하면 천정삭적분(天正朔積分)이 된다. 순주(旬周)로 채워서 제하여 버리고, 나머지를 일법으로 나누어 차지 않는 것은 나머지가 되

는데, 즉 천정경삭의 대소여가 된다.

삭실로 통적분을 제하고 남는 것은 천정윤여가 된다. 통적분(t^A)에서 삭실 15만 4445분으로 제하면, 천정경삭과 천정동지 사이의 길이인 천정윤여(Uy)가 된다(〈그림 4-1〉 참조).

$$Uy = MOD(t^A, 154445) \quad (6)$$

반대로, 통적분에서 천정윤여를 감하면 천정삭적분(S^{mn})이 된다. 이는 삭실의 누적된 값으로 상원갑자로부터 천정경삭까지의 길이이다.

$$S^{mn} = t^A - Uy \quad (7)$$

삭적분을 순주로 제하여 남는 것을 일법으로 나누면, 정수부분은 천정경삭(S^n_0)의 일(S^d_0)이 되고 나머지 값은 분초(S^m_0)가 된다.

$$S^n_0 = MOD(S^{mn}, 313800) \quad (8\text{-}a)$$
$$S^d_0 = INT(S^n_0 / 5230) \quad (8\text{-}b)$$
$$S^m_0 = MOD(S^n_0, 5230) \quad (8\text{-}c)$$

이를 가령에 따라 계산하면, t^A = 169,3221,0827,2752, S^m = 15,4445이므로 식 (6)과 (7)에 의해 Uy = 12,8167, S^{mn} = 169,3221,0814,4585가 된다. 이를 식 (8-a)와 같이 순주로 제하면 6185분이 된다. 이것을 식 (8-b)와 (8-c)에 의

해 계산하면 $S^d_0 = 1$, $S^m_0 = 0955$가 되므로, 정묘년(1447) 천정경삭의 날짜는 1일(乙丑) 0955분이다.

4) 경삭과 현·망의 계산(求弦望及次朔)

천정경삭 다음에 오는 상현(上弦, first quarter), 망(望, full moon), 하현(下弦, last quarter) 그리고 다음 경삭의 날짜를 계산하는 것이다.

> 천정경삭의 일과 분초에 상책(象策)을 누적하여 더하면, 각각 현(弦)과 망(望), 그리고 다음의 경삭일(次朔经日)과 여초(餘秒)를 얻는다.

천정경삭의 일과 분초에 상책 7일 2001분 2500초를 누적하여 차례대로 더해 가면, 경상현, 경망, 경하현 그리고 다음 경삭의 날짜를 구할 수 있다.

$$S^n_i = S^n_0 + 7.200145 \times (i - 1) \quad (i = 1,2,3) \quad (9)$$

여기서 S^n_0은 천정경삭이고, S^n_i은 i에 따른 경상현 · 망 · 하현과 다음의 경삭의 날짜이다. 또한, 천정경삭에 망책 14일 4002분 45초를 더하면(10-a), 경망일을 바로 구할 수 있고, 식 (10-b)와 같이 삭책 29일 2775분을 누적하여 더하면, 다음 경삭일을 바로 계산할 수 있다. 이때, 그 해에 윤달이 있을 경우에는 k = 12까지 계산한다. 식 (9), (10-a), (10-b)에 의해 계산된 각각의 S^n_i, S^n_j, S^n_k의 일, 분, 초의 값이 일 〉 기법, 분 〉 일법, 초 〉 초모일 경우에도 〈2) 24기의 계산〉에서 언급한 것과 같이 각각 기법, 일법, 초모를 감한다.

$$S^n_j = S^n_0 + 14.400245 \quad (10\text{-a})$$

$$S^n_k = S^n_0 + 29.2775 \times (i - 1) \quad (i = 1,2,3 \cdots 11) \quad (10\text{-b})$$

가령에 따라 예를 들면, 1447년의 천정 11월 경삭은 1일 0955분으로 식(10-a)에 따라 천정경삭에 망책을 더하면, 11월 경망은 15일(己卯) 4957분 45초가 된다. 또는 천정경삭에 삭책을 더하면 다음 달인 12월 경삭일은 30일(甲吾) 3730분이 된다(식 10-b). 1447년 8월 경삭은 천정경삭으로부터 9번째 달에 해당하지만 이해에는 윤4월이 있으므로 k = 10이 된다. 그러므로 S^n_{10} = 56.2555일이 되어 음력 8월 경삭은 56일(庚申) 2555분이 된다. 8월 경삭에 망책을 더하고 기법(紀法)이 차면 덜어낸다. 이에 결괏값 11일 1327분 45초는 8월 경망일소여이다.

이 절에서 계산한 경삭은 달의 평균운동으로 계산한 삭일이다. 그러므로 정삭을 계산하는 방법은 《보월리(步月離)》〈정삭망계산(求朔望定日)〉에 자세히 나와 있다.

5) 중수대명력 천정동지의 현대 계산 비교

중수대명력은 1171년에 편찬된 것으로 1171년 천정동지를 기준으로 현대 계산 값과 정확도를 비교하였다. 역 계산의 기준인 천정동지는 전년도(1170)의 11월에 속한 중기이며, 1171년 천정동지의 날짜는 18일(壬吾) 2388분 00초이다. 이것을 현대의 날짜로 변환하면, 1170년 음력 11월 15일 2388분이 되고, 율리우스력(Julian calendar)으로 1170년 12월 15일이고, 시각은 시태양시(AST)로 10.958317h [AST]가 된다.[5]

반면 현대 방법으로 천정동지(AST)를 계산하는 방법은 다음과 같다. 현대 계산은 미국 JPL에서 계산하여 배포한 DE406 천체력을 이용하였으며,[6] 천정동지는 1170년 12월 15일 1.015668 [TT]이다. 이 값을 관측자의 위치인 AST의 시각으로 변경하였다. 중수대명력의 시간은 시태양시(apparent solar time, AST)를 기본으로 하기 때문에, 평균태양시(mean solar time, MST)를 사용하는 현대 시각으로 변환하기 위해서는 균시차(equation of time)를 보정해야 한다. 즉, 이 값은 경도차(L, longitude correction), 균시차(E, equation of time) 그리고 $\triangle T(= TT - UT)$를 보정하여 구하였다.

$$T = TT + \triangle T + L + E \quad [AST] \qquad (11)$$

관측자의 위치는 중국 개봉(開封, 34° 47.550′ N, 114° 20.167′ E)이므로 경도 보정값은 7.622407h이고, 이날의 균시차값은 -0.33581min, $\triangle T_{1170}$ = 831.63s[7]이므로 식 (11)에 따라 계산하면 1171년 천정동지의 날짜(AST)는 1170년 12월 15일 8.401470h [AST]가 된다. 그러므로 중수대명력 기록에 의한 동지 시각과는 2.55h의 차이가 나는 것을 알 수 있다.

···

보괘후(步卦候)

1. 천문상수

중수대명력 2장 보괘후(步卦候)의 괘(卦)는 64괘와 관련된 것이며, 후(候)는 72후를 의미한다. 또한, 72후에 따른 24절기 괘후를 계산하는 방법도 수록되어 있다. 그리고 이 장에는 중수대명력 시각제도와 관련된 상수들이 있으며, 발렴계산(求發斂)에 필요한 값들이다. 발렴은 분으로 표현된 시각을 12시진(時辰), 각(刻), 분(分) 단위로 변환하는 것이다.

후책(候策)	5일 0380분 80초
괘책(卦策)	6일 0457분 06초
정책(貞策)	3일 0228분 48초
초모(秒母)	90
진법(辰法)	2615분
반진법(半辰法)	1307분 50초
각법(刻法)	313분 80초
진각(辰刻)	8각 104분 60초
반진각(半辰刻)	4각 52분 30초
초모(秒母)	100

1) 후책(候策)

후책은 기책인 15일 1142분 60초의 1/3에 해당하는 값으로 5일 0380분 80초이다. 후(候)는 5일을 의미하고, 삼후(三侯)는 24기(氣)가 된다.[8] 그러므로, 기후의 변화를 더 세분화하기 위해서 각각의 24기를 3개로 나누어 72후(72候)라고 한다. 24기의 중기(中氣)를 초후(初候)라고 하며, 이에 후책을 누적하여 더하면, 각각 차후(次候)와 말후(末候)가 된다. 72후는 중국 춘추시대에 주공(周公)이 만들고, 위(魏)의 정광력(正光曆)부터 사용하였다.[9]

후책 = 세책 / 72 (또는, 기책 / 3)

2) 괘책(卦策)

괘책은 1년의 길이인 세책을 60으로 등분한 값으로 6일 0457분 06초이다.

괘책 = 세책 / 60

3) 정책(貞策)

정책은 괘책(卦策)의 1/2에 해당하는 값으로 3일 0228분 48초이다.

정책 = 괘책 / 2

괘책과 정책은 중수대명력에서 64괘를 계산하는 데 사용된다. 24기의 중기(中氣)를 공괘(公卦)라고 하며, 이에 괘책을 누적하여 더하면 각각 벽괘(辟卦)와 후내괘(侯內卦)를 얻는다. 후내괘에 정책(貞策)을 더하면 절기(節氣)가 되

는데 이를 후외괘(侯外卦)라고 한다. 즉,

$$기책 = (괘책 \times 2) + 정책$$

이 된다. 후외괘에 정책을 더하면 대부괘(大夫卦)가 되고, 괘책을 더하면 경괘(卿卦)를 얻는다. 또한, 정책은 토왕용사를 계산하는 데 필요한 값이다. 화수목금토로 이루어진 오행(伍行)을 계절에 반영하여, 봄은 목기(木氣), 여름은 화기(火氣), 가을은 금기(金氣) 그리고 겨울은 수기(水氣)가 강하다고 보았다. 그리고 나머지 토기(土氣)는 각각의 사계절이 끝나는 중기일의 약 3일 전부터 사계절이 시작되는 날까지 토의 기운이 강하다고 보았다.[10] 즉, 대한, 곡우, 대서 그리고 상강의 약 3일 전부터 입춘, 입하, 입추 그리고 입동 이전까지에 해당한다. 그중 토의 기운이 시작되는 날을 토왕용사라고 하였다.

4) 초모(秒母)

후책과 괘책 그리고 정책에서 사용되는 초의 단위로 90초가 넘으면 1분이 된다.

5) 진법(辰法)

진법은 분(分) 단위의 하루의 시간을 12시진(時法)으로 변환할 때 사용하는 값으로 2615분이다. 그러나 이때의 분은 일법으로 나타내는 일(日) 이하 분(分)과는 다른 개념으로 12시진(時辰), 각(刻), 분(分)의 단위에 사용되는 값이다. 2615분이 넘으면 1시진이 된다. 일(日) 이하 분(分)의 시간을 12시진으로 변환하는 것을 구발렴(求發斂)이라고 한다(《보교회(步交會)》 챕터의 〈발렴 계산(求發斂)〉 참조).

$$진법 = 1시진(時辰)$$

6) 반진법(半辰法)

반진법은 진법의 1/2에 해당하는 값으로 1시진을 초(初)와 정(正)으로 나누어질 때의 분의 값이다. 반진법은 1307분 50초이다.

$$반진법 = 진법 \times \frac{1}{2}$$

7) 각법(刻法)

각법은 12진(辰)의 단위로 나타낸 시간을 그 이하의 각(刻) 단위로 변환할 때 사용되는 값으로 313분 80초이다. 즉, 1각(刻)은 313분 80초로 이루어져 있다.

$$1각(刻) = 313분\ 80초$$

8) 진각(辰刻)

진각은 8각 104분 60초이다. 1시진(時辰)의 값을 각(刻)과 분의 단위로 나타낸 것으로, 즉 1시진은 8개의 각(刻)과 나머지 104분 60초로 이루어져 있다.

$$1시진(時辰) = 8각\ 104분\ 60초$$

9) 반진각(半辰刻)

반진각은 진각(辰刻)의 1/2에 해당하는 값으로 4각 52분 30초이다. 1시진을 초(初)와 정(正)으로 나누었을 때, 각각의 반시진은 4개의 각(刻)과 나머지 52분 30초로 이루어져 있다.

반진각 = 진각 / 2 = 4각 52분 30초

진법(辰法)과 진각(辰刻) 그리고 반진법(半辰法)과 반진각(半辰刻)의 관계를 정리하면 다음과 같으며, 이를 〈표 4-1〉에 나타내었다.

1시진(時辰) = 진각(8각 104분 60초) = 진법(2615분)

반시진(半時辰) = 반진각(4각 52분 30초) = 반진법(1307.5분)

10) 초모(秒母)

진법과 각법으로 나타내는 12시진 이하, 각, 분, 초에 사용되는 값으로 초모는 100이다. 초의 단위가 100이 되면, 1분이 된다.

〈표 4-1〉 중수대명력의 시각제도: 1시진(時辰)은 2615분(分)이며, 반시진(半時辰)은 이의 절반인 1307분 50초이다. 그리고 1각(刻)은 313분 80초이다. 1시진을 각(刻)의 단위로 나타내면, 8각 104분 60초이며, 반시진은 4각 52분 30초이다.

초(初)	초각(初刻)						1刻	2刻	3刻	4刻
각법(刻法)	52.30	104.60	156.90	209.20	261.50	313.80	313.80	313.80	313.80	52.30
진법(辰法)	313.80						627.60	941.40	1255.20	1307.50

정(正)	초각(初刻)						1刻	2刻	3刻	4刻
각법(刻法)	52.30	104.60	156.90	209.20	261.50	313.80	313.80	313.80	313.80	52.30
진법(辰法)	1621.30						1935.10	2248.90	2562.70	2615.00

2. 괘후 추산

1) 발렴 계산(求發斂)

원래 중수대명력에서 발렴의 방법은 중수대명력 2장의 괘후추보(步卦候)〈구발렴(求發斂)〉에 실려 있는데, 실제 계산에서는 일출분을 발렴을 통해 12시진(時辰)으로 변환하기 위해서 〈4장의 보구루〉에도 같은 내용이 실려 있다.

···

보일전(步日躔)

1. 천문상수

케플러(Kepler) 제1법칙과 제2법칙에 따라 지구와 달은 궤도 평면상에서 타원궤도 운동을 한다. 지구는 태양에 대하여, 달은 지구에 대하여 근일점(또는 근지점)과 원일점(또는 원지점)에서의 속도가 서로 다르다.[11] 이러한 부등운동(inequality)으로 인하여 매일의 태양과 달의 정확한 위치를 계산하기 위해서는 주기를 이용하여 구한 평균운동을 보정하는 과정이 필요하다. 여기서 보정값은 중심차(equation of the center)에 해당하는데, 중수대명력에서는 해와 달의 중심차 값을 각각 입기조뉵정수(入氣朓朒定數)와 입전조뉵정수(入轉朓朒定數)를 이용하여 구한다.

아울러 역법 계산에서 매일의 태양과 달의 부등운동 값을 계산하기 위해 약 2세기경부터 보간법(interpolation)이 발전되기 시작하였다. 유홍(劉洪)은 달의 지질차를 구하기 위해 선형보간법(linear interpolation)을 적용했는데, 이는 평균운동으로 표현된 달의 속도를 계단형 패턴으로 바꿨다.[12] 이후 장자신(張子信)이 태양의 영축차 계산에 24기마다 부분 선형보간법(piecewise linear interpolation)을 사용했다. 이 방법은 그동안 평균운동으로 표현되던 태양의 운동을 24개의 계단과 비슷한 직선들로 바꿨다.[13] 한편, 수(隨) 유작은 부분 구간 이차보간법(piecewise quadratic interpolation)을 사용하여 태양의 운동을 계단 모양에서 사선(slant line) 모양으로 변경했으며, 유작의 보간법은 천문 계산의 모든 분야에 광범위하게 사용되었다.[14] 변강은 숭현력에서 구간별 반복 이차보간법(piecewise iterated quadratic interpolation)으로 정밀도를 높였다. 원의 수시력에서는 삼차 보간법(cubic interpolation)으로 태양과 달의 부등운동을 계산하는 데 활용하였다.[15]

이 장과 다음 장에서는 중수대명력의 태양과 달의 운동을 수학적으로 분석하였고 이를 토대로 태양과 달의 매일의 부등운동량과 일출입 시각을 현대 계산과 비교하였다. 중수대명력과 현대 계산의 정량적 비교를 위해 아래와 같이 평균 절댓값(Mean Absolute Difference, 이하 MAD) 차이로 나타내었다. 이때, T^{A}_{Di}는 i번째 중수대명력의 값이고, T^{C}_{Di}는 i번째 현대 계산 값이다. 그리고 N은 i의 총수이다.

$$\mathrm{MAD}(T^{A}_{Di}, T^{C}_{Di}) = \frac{1}{N}\Sigma^{N}_{i=1}\left| T^{A}_{Di} - T^{C}_{Di} \right| \qquad (12)$$

일전은 태양의 운동에 관한 내용으로 매일 태양의 위치를 나타내는 데 필요한 상수이다. 중수대명력에서는 매일 태양의 위치를 28수(宿)의 수도(宿度)로 나타내었다. 천정동지일 때 태양의 위치를 적도수도(赤道宿度)로 나타내는데 주천분(周天分)과 세차(歲差)상수를 사용한다.

주천도(周天度)	365도 25분 68초
주천분(周天分)	191만 0293분 0530초
초모(秒母)	1만
세차(歲差)	69분 0530초
상한(象限)	91도 31분 09초

1) 주천도(周天度)

주천도의 값은 365도 25분 68초로 1항성년(sidereal year)의 길이를 각도로 나타낸 값이다. 다른 중국 역법과 마찬가지로 중수대명력에서 각도는 각거리(Chinese degrees)를 의미한다. 이는 현대의 360°(degree)가 아닌 365.2568도(度)의 체계를 의미하는 것이다. 즉, 0.01도(度) = 1분(分) = 100초(秒)에 해당한다. 그러므로 본 논문에서는 각도의 단위로 계산되는 값은 도(度)로 표기한다.

2) 주천분(周天分)

주천분은 1항성년 길이인 주천도의 분 단위로 191만 0293분 0530초이다.

$$주천분 = 주천도 \times 일법$$

3) 초모(秒母)

태양의 운동에서 분(分) 이하 초(秒) 단위의 값으로 초의 값이 10000이 넘으면 1분이 된다. 기삭(氣朔)에서 초모의 값은 90이었다.

4) 세차(歲差)

1항성년인 주천분(191만 0293분 0530초)과 1태양년인 세실(191만 0224분)의 차이에 해당하며 세차는 69분 0530초이다. 현대 값으로 변환하면 (세차/일법)×3600초에 의해 47″.53이다.

5) 상한(象限)

상한은 주천도의 1/4에 해당하는 값으로 91도 31분 09초이다.

2. 태양운동 추산

1) 이십사기일적도급영축(二十四氣日積度及盈縮) 입성

〈표 4-2〉 이십사기일적도급영축(二十四氣日積度及盈縮) 입성

恒氣	日積度分秒	損益率	初末率		日差	盈縮積
			初率	末率		
i	P_S(度)	U^d_S(度)	E_I(度)	E_F(度)	F(度)	U^d_S(度)
1	0.0000	益+0.7059	0.04988065	0.04288811	-0.00049179	盈 0
2	15.9243	+0.5920	0.04258972	0.03521041	-0.00051899	+0.7059
3	31.7348	+0.4718	0.03488480	0.02711874	-0.00054619	+1.2979
4	47.4251	+0.3453	0.02676286	0.01861616	-0.00057296	+1.7697
5	62.9889	+0.2126	0.01822738	0.00971232	-0.00059887	+2.1150
6	78.4200	+0.0739	0.00911346	0.00059840	-0.00059887	+2.3276
7	93.7124	損-0.0739	0.00059840	0.00911346	0.00059887	-2.4015
8	108.8569	-0.2126	0.00989650	0.01804320	0.00057296	-2.3276
9	123.8628.	-0.3453	0.01880648	0.02657254	0.00054619	-2.1150
10	138.7360	-0.4718	0.02731212	0.03469143	0.00051899	-1.7697
11	153.4827	-0.5920	0.03540379	0.04239632	0.00049179	-1.2979
12	168.1092	-0.7059	0.04288811	0.04988065	0.00049179	-0.7059
13	182.6218	益-0.7059	0.04988065	0.04288811	-0.00049179	縮 0
14	197.1343	-0.5920	0.04258972	0.03521041	-0.00051899	+0.7059
15	211.7608	-0.4718	0.03488480	0.02711874	-0.00054619	+1.2979
16	226.5076	-0.3453	0.02676286	0.01861616	-0.00057296	+1.7697
17	241.3807	-0.2126	0.01822738	0.00971232	-0.00059887	+2.1150

恒氣	日積度分秒	損益率	初末率		日差	盈縮積
			初率	末率		
i	P_S(度)	U^d_S(度)	E_I(度)	E_F(度)	F(度)	U^d_S(度)
18	256.3866	-0.0739	0.00911346	0.00059840	-0.00059887	+2.3276
19	271.5312	損+0.0739	0.00059840	0.00911346	0.00059887	-2.4015
20	286.8235	+0.2126	0.00989650	0.01804320	0.00057296	-2.3276
21	302.2546	+0.3453	0.01880648	0.02657254	0.00054619	-2.1150
22	317.8184	+0.4718	0.02731212	0.03469143	0.00051899	-1.7697
23	333.5087	+0.5920	0.03540379	0.04239632	0.00049179	-1.2979
24	349.3192	+0.7059	0.04288811	0.04988065	0.00049179	-0.7059

태양은 하루 동안 평균적으로 1도(degree)를 움직이는데, 근일점(perihelion)에서 가장 빠르고, 원일점(aphelion)에서 가장 느리다. 현재의 근일점은 1월 3일경으로 동지점과 약 10일의 차이를 가진다. 역사적으로 동지점과 태양의 근일점이 가장 근접한 순간은 AD 1246년이었다.[16] 그리고 수시력이 편찬된 1280년 무렵에는 근일점과 동지점의 차이가 0.6도 미만이었다.[17] 그러므로 동지에 태양이 가장 빠르게 운행하고, 하지에 가장 느리게 움직이며, 춘분과 추분에서는 실제 위치와 평균 위치가 일치한다고 설정하였다. 중수대명력에서도 태양의 각속도(angular speed)가 동지점 근처에서는 상대적으로 빠르고, 하지점 근처에서는 느린 것으로 보았다. 중수대명력의 동지와 근일점의 차이를 계산하면, 현대 방법으로 계산한 근지점은 1170년 12월 14일 21.087583 [TT]으로 식 (12)를 이용하여 T[AST]를 계산하면 1170년 12월 15일 4.1774642h이다. 그러므로 《보기삭(步氣朔)》 챕터의 중수대명력 천정동지의 현대 계산 비교에서 계산한 동지 시각 1170년 12월 15일 8.401470h와의 차이를 비교하면 3.9240058h

가 된다.

태양의 실제 위치를 알기 위해서는 평균운동을 보정하는 절차가 필요한데, 중수대명력에서는 입성으로 제시되었다. 이는 태양이 평균속도로 움직이는 위치에 대한 실제 위치의 상대적 차이를 나타내는 값으로 동지부터 24기에 해당하는 값이 기록되어 있다. 태양의 부등운동에 관한 입성은 두 가지이다. 하나는 〈표 4-2〉의 이십사기일적도급영축(二十四氣日積度及盈縮)으로 24기의 태양운동을 각거리(度)로 나타내었고, 다른 하나는 〈표 4-3〉의 이십사기일적도급조뉵(二十四氣日積度及朓朒)으로 태양의 각속도를 달의 평균각속도로 나눈 값이다.

〈표 4-2〉에서 첫 번째 열 항기(恒氣, i)는 24기를 나타낸 것으로, i = 1은 동지를 의미한다. 두 번째 열 일적도분초(日積度分秒, P_S)는 동지 이후 매 i까지 누적된 실제 태양의 위치(apparent position)를 각거리(度)로 나타낸 것이고 세 번째 열 손익률(損益率, U^d_S)은 태양의 실제 위치가 평균운동으로 구한(즉, 1도/일) 위치와의 차이를 나타낸 값이다. 예를 들어, 망종(i = 12)과 하지(i = 13)의 P_S는 각각 168.1092도와 182.6218도로서 이는 동지를 기준으로 한 실제 태양의 위치를 나타낸다. 망종에서 하지까지 두 기(氣)의 차이는 14.5126도(≈182.6218 - 168.1092)이며, 따라서 이 기간 동안에는 평균값인 15.21845도보다 0.7059도 작기 때문에 하지 때의 U^d_S의 값은 -0.7059도이다. 실제 태양이 평균보다 느리게 이동한 것을 의미하며 손(損)의 영역에 해당한다. 이들 관계를 〈그림 4-2〉에 나타내었는데, 가로축은 i를 나타내고, 세로축은 태양의 각거리를 의미한다. 또한, 그림에서 그래프의 실선은 24기마다의 평균태양 각거리(P^m_S)를 나타낸 것이고, 점선은 $P_S(i + 1) - P_S(i)$의 값으로서 실선과 같은 기간 동안 실제 태양이 움직이는 각거리(P^d_S)이다. 이때, $P^d_S - P^m_S$의 값이 바로, 〈표 4-2〉의 손익률(損益率, U^d_S)에 해당한다. 그림에서처럼 i = 12, 13일 때가 가장

작은 값을 보이는데 실제 태양의 운동이 평균보다 느리게 가는 구간이다.

중수대명력에서는 태양의 부등운동은 각각 동지와 하지 전후가 서로 대칭적인 것으로 보았다. 그러므로 〈그림 4-2(b)〉에서 동지 전후, 즉 $1 \leqq i \leqq 6$과 $19 \leqq i \leqq 24$는 서로 대칭이 되고, 하지($i = 13$)를 기점으로 $7 \leqq i \leqq 12$와 $13 \leqq i \leqq 18$이 서로 대칭이 된다. 즉, 〈그림 4-2(a)〉를 동지와 하지점을 기준으로 다시 그리면 〈그림 4-2(b)〉와 같이 대칭이 되는 것을 알 수 있다.

다음으로 네 번째 열부터 일곱 번째까지는 초율과 말율(初率, 末率, E^I, E^F), 일차(日差, F) 그리고 영축적(盈縮積, U^d_S)이다. 이 값들은 각각 24기(氣, i) 이후, 매일 태양의 부등운동(daily inequality)을 보정하는 계산에 사용되는 상수들(constants)로서 〈표 4-3〉의 값들과 함께 일식 계산에 직접 사용된다(《보교회》 '일월식의 식심일행적도 계산' 참조).

E^I, E^F, F, U^d_S를 차례대로 상세히 살펴보면, E^I는 i가 초일($n=0$)일 때의 값으로, 하루 평균 1도를 움직이는 평균태양을 기준으로 실제 태양이 황도상에서 움직이는 각도를 나타낸 것이다. 예를 들어, 〈표 4-2〉에서 $E^I = +0.04988065$도는 동지 당일을 의미하고 이때, $i = 1$, $n = 0$이다. 그러므로 이날은 태양의 평균 각거리인 1도에 E^I_i를 더하면, 실제 태양이 하루 동안 움직이는 각거리이다. 즉, 1도$+ E^I_1 = 1.04988065$의 값이 되는데, 이것은 동짓날 초일에 태양이 하루 동안 1도보다 0.04988065도를 더 움직여서 실제 태양은 총 1.04988065도를 이동했다는 의미이다. 또 다른 예시를 살펴보면 다음과 같다. $i = 13$이고 $n = 0$일 때, $E^I_{13} = 0.04988065$도이므로, 1도 $+ E^I_{13}$의 값은 0.95011935가 되는데, 실제 태양이 하루 평균 1도에 못 미치는 0.95011935를 움직인 것이 된다. 그러나 이 값은 위에서 언급했듯이 각각 i의 초일($n = 0$)일 때의 초기값으로 $n = 0$ 이후 매일의 손익률을 계산하는 방법은 초율, E^I에 일차 F를 누적한 것을 더하거나

감한다. 이때 $E^I > E^F$이면 -F가 되고 반대의 경우에는 +F가 된다. 즉, $\triangle U^d_{S,i}(n)$을 아래와 같이 정의하면

$$\triangle u^d_{S,i}(n) = E^I_i + \sum_{j=0}^{n-1} F_i \qquad 0 \le n \le 14 \qquad (13)$$

$$\triangle u^d_{S,i}(n) = E^F_i \qquad n = 15 \qquad (14)$$

n = 0에서 15까지 누적된 매일의 $\triangle U^d_{S,i}(n)$의 총합은 두 번째 열의 U^d_S와 같다.

각각의 i 이후 매일의 n번째 날의 손익률을 계산하는 방법은 다음과 같이 나타낼 수 있다. $\triangle U^d_{S,i}(n)$을 다음과 같이 정의하면

$$\triangle U^d_{S,i}(n) = U^d_{S,i} + \sum_{j=0}^{n} \triangle u^d_{S,i}(j) = U^d_{S,i} + \sum_{j=0}^{n} E^I_i + \sum_{j=0}^{n}\sum_{k=0}^{j-1} F_i \qquad (15)$$

이때, $U^d_{S,i}$는 〈표 4-2〉의 영축적(盈縮積)이고, j와 k는 정수이다. 식 (15)는 다음과 같이 표현할 수 있다.

$$\triangle U^d_{S,i}(n) = U^d_{S,i} + (n+1)E^I_i + \frac{n(n+1)}{2} F_i \qquad (16)$$

그러므로 E^I_i와 F_i는 n번째 날의 누적된 부등운동 값을 이차함수로 구하기 위해 고안된 계수(coefficient)임을 알 수 있다.

마지막 열인 U^d_S는 U^d_S의 누적값으로, 동지는 0이 되고, 춘분과 추분 또는 동지와 하지를 기준으로 이 값은 대칭적이다.

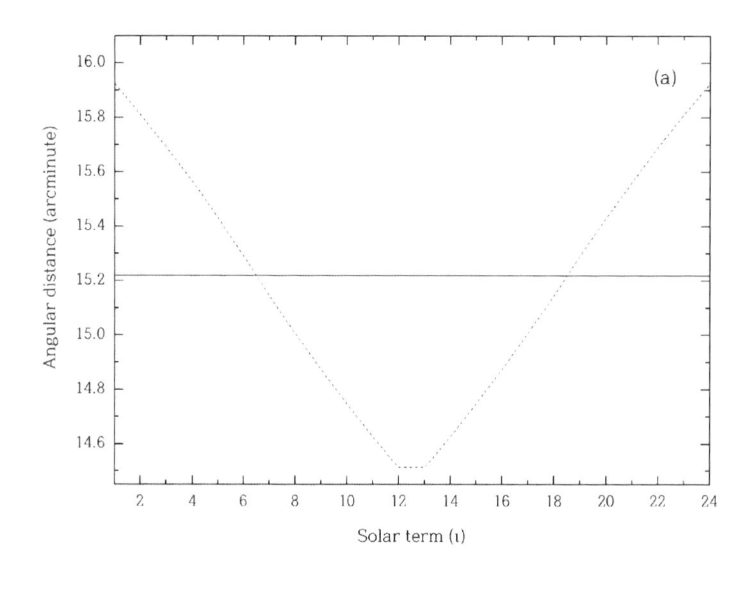

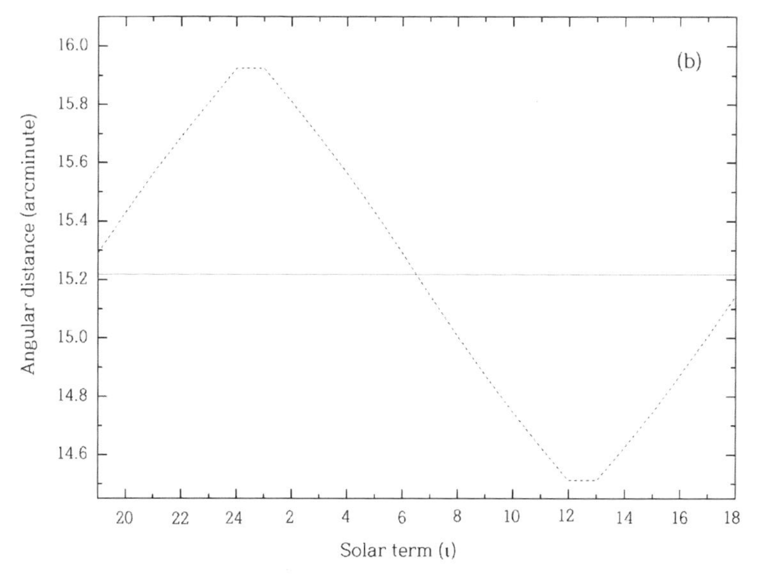

〈그림 4-2〉 24기의 평균태양과 실제 태양의 각거리: 실선은 i기마다의 평균태양의 각거리(P^m_S)를 나타낸 것이다. 그리고 점선은 〈표 4-2〉의 i기마다의 일적도분초의 차이 값, 즉 $P^d_S(i+1)-P_s(i)$으로, P^m_S와 같은 기간 동안 실제 태양이 움직이는 각거리(P^d_S)를 나타낸 것이다. 이때, $P^d_S - P^m_S$의 값은 i와 i + 1 사이에 증감한 손익률(損益率, U^d_S)에 해당한다. 태양의 부등운동은 동지와 하지점을 기준으로 대칭이다. 그러므로 아래의 그림과 같이 추분(i = 19)부터 대설까지(i = 24)의 $P_S(i+1) - P_S(i)$값을 동지(i = 1) 앞으로 놓게 되면, 동지와 하지(i = 13)를 기준으로 각각 대칭이 되는 것을 알 수 있다.

2) 이십사기일적도급조뉵(二十四氣日積度及朓朒) 입성

〈표 4-3〉 이십사기일적도급조뉵(二十四氣日積度及朓朒) 입성

恒氣	中積	経分	約分	損益率	初末率		日差	朓朒積
					初率	末率		
i	N			U^P_S(分)	G^I(分)	G^F(分)	H(分)	U^P_S(分)
	(日)	(分)						
1	0	0.00	0.00	益+276	+19.4864	16.7852	-0.1900	朒　0
2	15	1142.60	21.84	+232	+16.6874	13.8019	-0.2029	+276
3	30	2285.30	43.69	+185	+13.6911	10.6214	-0.2159	+508
4	45	3428.00	65.54	+135	+10.4670	07.2745	-0.2245	+693
5	60	4570.60	87.39	+083	+07.1114	03.7963	-0.2332	+828
6	76	0483.30	09.24	+029	+03.5631	00.2480	-0.2332	+911
7	91	1626.00	31.09	損-029	-00.2480	03.5631	+0.2332	+940
8	106	2768.60	52.93	-083	-03.8576	07.0501	+0.2245	+911
9	121	3911.30	74.78	-135	-07.3359	10.4056	+0.2159	+828
10	136	5054.00	96.63	-185	-10.7136	13.5991	+0.2029	+693
11	152	0966.60	18.48	-232	-13.8940	16.5952	+0.1900	+508
12	167	2109.30	40.33	-276	-16.7852	19.4864	+0.1900	+276
13	182	3252.00	62.18	益-276	-19.4864	16.7852	-0.1900	朓　0
14	197	4394.60	84.02	-232	-16.6874	13.8019	-0.2029	-276
15	213	0307.30	05.87	-185	-13.6911	10.6214	-0.2159	-508
16	228	1450.00	27.72	-135	-10.4670	07.2745	-0.2245	-693
17	243	2592.60	49.57	-083	-07.1114	03.7963	-0.2332	-828
18	258	3735.30	71.42	-029	-03.5631	00.2480	-0.2332	-911

恒氣	中積	経分	約分	損益率	初末率		日差	朓朒積
					初率	末率		
i	N			U^P_S(分)	G^I(分)	G^F(分)	H(分)	U^P_S(分)
	(日)	(分)						
19	273	4878.00	93.27	損+029	+00.2480	03.5631	+0.2332	-940
20	289	0790.60	15.12	+083	+03.8576	07.0501	+0.2245	-911
21	304	1933.30	36.96	+135	+07.3359	10.4056	+0.2159	-828
22	319	3076.00	58.81	+185	+10.7136	13.5991	+0.2029	-693
23	334	4218.60	80.66	+232	+13.8940	16.5952	+0.1900	-508
24	350	0131.30	02.51	+276	+16.7852	19.4864	+0.1900	-276

〈표 4-3〉은 크게 두 부분으로 나눌 수 있는데, 두 번째와 네 번째 열은《보교회(步交會)》 챕터의 식심중적을 계산하는 데 사용한다(구일월식심일행적도(求日月食甚日行積度) 참조). 그리고 나머지 다섯 번째부터 마지막 열은 입기조뉵정수, 즉 태양의 중심차를 구하는 데에 사용된다. 표의 첫 번째 열은 〈이십사기일적도급영축(二十四氣日積度及盈縮)〉 입성에서처럼 항기(恒氣, i)는 24기를 나타낸 것이다. 그리고 두 번째 열 중적(中積)과 경분(経分)을 나타내는 N은 동지를 기준으로 하여, 각각의 24기까지의 평균 일수로서 평기법(平氣法)으로 나타낸 기책(氣策)의 누적한 값과 동일하다. 세 번째 약분(約分)은 경분을 일법으로 나눈 값이다. 네 번째 손익률(損益率, U^P_S)은 달이 13.37도의 매일 평균각속도(mean angular speed)로 하루 동안(5230분) 운행할 때, 〈표 4-2〉의 영축입성내 각도 단위(度)의 손익률(U^d_S)을 분(分) 단위의 손익률(U^P_S)로 변환한 값이다. 즉, $U^P_S = U^d_S \times 5230/13.37$과 같이 계산된다.

다섯 번째부터 일곱 번째의 초율과 말율(初率, 末率, G^I, G^F), 일차(日差, H)

그리고 조늒적(朓朒積, U^P_S)은 매일 태양의 부등운동 값인 입기조늒정수(入氣朓朒定數)를 계산하기 위해 사용한다. 또한, 이 값들은 U^d_S와 U^P_S와 마찬가지로 〈표 4-2〉의 각도 단위(度)인 E^I, E^F, F, U^d_S를 하루 동안 움직인 달의 평균속도로 나눈 값들이다. 예를 들어, 마지막 열인 조늒적(朓朒積, U^P_S)은 $U^P_S = U^d_S \times 5230/13.37$로 계산할 수 있다. 또한, 이 값은 〈표 4-2〉의 U^d_S와 마찬가지로 i번째 날까지 누적한 태양 부등운동 값(U^P_S)이다. 〈그림 4-3〉은 〈표 4-3〉의 조늒적(朓朒積)의 값을 나타낸 것이다.

〈표 4-3〉은 〈표 4-2〉와 같이 24기에 해당하는 값만 기록되어 있어서 매일 실제 태양의 위치를 구하는 과정은 〈구매일손익영축조늒(求每日損益盈缩朓朒)〉에서 서술한 방법을 통해 계산할 수 있다.

3) 경삭・현・망의 입기 시각 계산(求经朔弦望入氣)

입기일(入氣日)은 해당 삭 · 현 · 망일이 직전 24기로부터 경과한 일수를 구하는 것이다.

> 천정윤여(天正閏餘)를 일법으로 나누면 일이 되고, 차지 않는 것은 여(餘)가 된다. 만약 기책(氣策) 이하면 기책에서 윤여를 뺀 것이 대설(大雪)의 입기이다. 기책 이상이면 천정윤여에서 기책을 빼고 남는 것을 기책에서 감한 것이 소설(小雪) 입기가 되어, 천정경삭입기일과 여를 얻는다. 이에 상책을 누적하여 더해서 기책이 차면 기책을 감하여 다음의 현(弦)과 망(望)의 입기일과 여를 얻는다. 이에 상책을 더하면, 다음 삭의 입기일(入氣日)과 여를 얻는다.

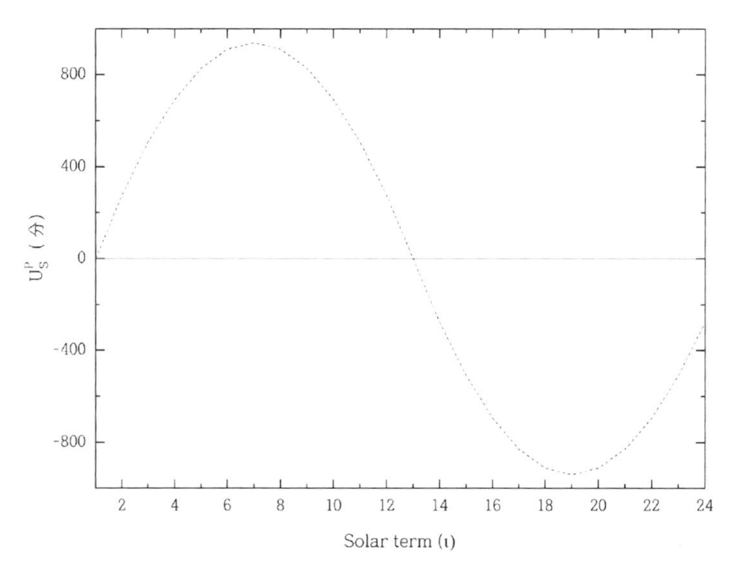

〈그림 4-3〉 이십사기일적도급조뉵(二十四氣日積度及朓朒) 입성의 조뉵적(朓朒積): 가로축은 24기를 나타내고 세로축은 〈표 4-3〉의 $U^P{}_S$(조뉵적)이다. 조뉵적은 동지(i = 1)부터 망종(i = 12)까지는 뉵적(朒積), 하지(i = 13)부터 대설(i = 24)까지 조적(朓積)에 해당하는데, 뉵은 '+'가 되고, 조는 '−' 값이다.

계산하는 방법을 풀이하면, 천정경삭과 동지 사이의 기간인 천정윤여(Uy)는 분(分) 단위로 나타낸 값이므로 일법으로 나누게 되면, 일(日)과 분초의 단위로 주어지는데 계산하는 식은 다음과 같다. 여기서 U^d는 일을 나타내고, U^m은 분초를 나타낸다.

$$U^d = INT\ (Uy/5230) \qquad (17\text{-a})$$

$$U^m = MOD\ (Uy,\ 5230) \qquad (17\text{-b})$$

예를 들어, 가령에 따라, 1447년 Uy = 12,8167분으로 식 (17-a)와 (17-b)로부터 계산하면, U^d = 24, U^m = 2647이 되어 일 단위의 Uy는 24일 2647분이

된다. 다음으로 윤여와 기책(15일 1142분 60초)을 비교했을 때, Uy 〈 기책일 경우는 천정경삭이 대설과 천정동지 사이에 있다는 의미로 대설이 천정경삭입기의 기점이 된다. 이 경우에는 기책에서 Uy를 감하면 식 (17)과 같이 대설부터 천정경삭까지의 거리인 경삭입기일을 구할 수 있다.

$$\text{천정경삭입기일}_{\text{대설}}\ (n,m)=15.2185-Uy \qquad (17)$$

여기서, n은 입기일(日)을 나타내고, m은 입기일 이하 분초(分秒)이다.

그러나 반대로 Uy 〉 15.21848311 경우에는, 천정경삭이 대설보다 앞에 있다는 의미로 천정경삭의 입기는 〈그림 4-4〉와 같이 대설이 아닌 이전의 소설이 기점이 된다. 그러므로 Uy에서 기책을 감하고 남는 것을 다시 기책에서 감한 것이 소설부터 천정경삭까지의 거리인 천정경삭입기일을 구할 수 있다.

$$\text{천정경삭입기일}_{\text{소설}}\ (n,m)=15.2185-(Uy-15.2185) \qquad (18)$$

천정경삭 이후의 경삭에 대한 입기일은 아래 식 (19)와 같이 천정경삭입기일에 삭책(29.53059273)을 x번 더하여, 이를 기책보다 크면 기책을 제거해 나간다. 이때, 대설이 기점인 경우는 다음의 경삭입기일은 동지가 되지만, 소설이 기점인 경우는, 다음 경삭입기일은 대설이 된다.

$$\text{매경삭입기일} = \text{MOD}\ [(\text{천정경삭입기일} + x \times 29.5306),\ 15.2185] \qquad (19)$$

가령에서처럼 1447년 Uy는 24일 2647분으로 기책보다 크기 때문에, Uy에서 기책을 감하면 9일 1540분 30초가 된다. 그리고 이 값을 다시 기책에서 감하면, 5일 4868분 30초이다. 바로 1447년 천정경삭입기일은 소설 후 5일 4868분 30초가 된다. 1447년의 일식이 있는 8월 경삭의 경우 윤4월이 있으므로, 천정경삭입기일에 삭책을 10번 더하고 기책으로 제하면, 1447년 8월 경삭입기일(n)과 분초(m)는 백로 이후 12일 0447분 60초가 된다.

8월 경망입기일은 다음과 같이 계산된다. 앞의 식 (19) 중에서 [천정경삭입기일 + (χ × 29.5306)]에 망책 14.400245를 더하면 316일 0010분 75초가 된다. 이를 기책을 20번 거듭 제한다. 20번을 제하는 이유는 천정경삭이 전년도 소설부터 시작했으므로 소설 이후부터 세어나가면 20개가 된다. 기책을 거듭 제하면 1447년 8월 경망입기일(n)과 분초(m)는 추분 이후 11일 3307분 50초가 된다.

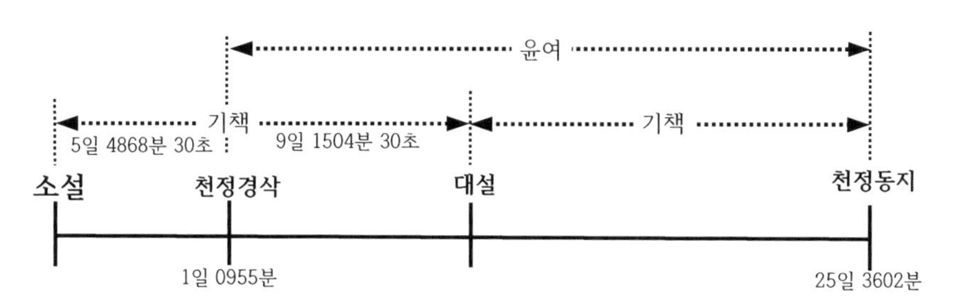

〈그림 4-4〉 정묘년(1447) 천정경삭입기일: 중수대명력 가령에 따라 계산한 정묘년(1447)의 천정경삭입기일을 그림으로 나타낸 것이다. 천정경삭 바로 직전의 24기는 소설이므로, 천정경삭입기일은 소설 이후 5일 4868분 30초이다.

4) 매일의 손익영축조뉵 계산(求每日損益盈缩朓朒)

매일의 손익영축조뉵은 24기부터 임의의 시간에 태양의 중심차(中心差)를 계산하기 위한 과정으로, 각각의 i일 때 n=0 이후, 매일의 손익률과 n-1일까지 누적된 영축조뉵적(盈缩朓朒積)을 계산하는 방법이다.

그 기(氣)의 초손익률(初損益率)에 일차(日差)의 익(益)과 손(損)을 가감한다. 이것이 매일의 손익률(損益率)이다. 그 기(氣)의 영축조뉵적(盈縮朓朒積)에 손익률의 누적값을 더하면 매일의 영축조뉵적(盈縮朓朒積)이 된다.

계산하는 방법은 다음과 같다. 식 (21)에 의해 구한 경삭이 i번째 항기의 n일, m분이면, 그 기의 G^I는 초일의 (n=0) 손익률 값이다. 그러므로, n일까지 매일의 손익률의 계산은 G^I에 일차(H_I)를 누적하여 더하여 n번째 일의 손익률, $\triangle U^P_{S,i}(n)$을 계산할 수 있다(식 21 참조). 이때, 〈표 4-3〉에서 $G^I > G^F$이면, H_I는 $-H_I$가 되고, 반대의 경우는 $+H_I$가 된다. 단 n = 15일 때는 식 (21-b)와 같이 계산한다.

$$\triangle u^p_{S,i}(n) = G^I_i + \sum_{j=0}^{n-1} H_i \qquad 0 \le n \le 14 \qquad (21\text{-a})$$

$$\triangle u^p_{S,i}(n) = G^F_i \qquad n = 15 \qquad (21\text{-b})$$

i번째 24기 이후 n일의 누적된 태양의 중심차를 계산하기 위해서는 식 (21-a)와 (21-b)에 입성내 조뉵적($U^P_{S,i}$)을 더하면 식 (22)와 같이 구하고자 하는 날의 영축조뉵적, $\triangle U^P_{S,i}(n)$를 알 수 있다.

$$\triangle U^p_{S,i}(n) = U^p_{S,i} + \sum_{j=0}^{n} \triangle u^p_{S,i}(j) = U^p_{S,i} + \sum_{j=0}^{n} G^I_i + \sum_{j=0}^{n}\sum_{k=0}^{j-1} H_i \qquad (22)$$

이때, j와 k는 정수이며 식 (24)는 다음과 같이 n의 이차방정식과 동일하다.

$$\triangle U^p_{S,i}(n) = U^p_{S,i} + (n+1)G^I_i + \frac{n(n+1)}{2} H_i \qquad (23)$$

여기서, G^{I}_{i} 와 H_{i} 는 〈표 4-2〉의 E^{I}_{i} 와 F_{i}와 같이 n번째 날의 누적된 부등운동 값을 이차함수로 얻기 위해 고안된 계수로서의 역할을 하는 것으로 볼 수 있다.

가령에 따라 계산하면, 1447년 8월 경삭의 입기일은 백로(白露)이며 이때, i = 18, n = 12, m = 447.66이다. 그러므로 〈표 4-3〉에서, G^{I}_{18} = 3.5631, H_{18} = -0.2332, $U^{P}_{S,18}$ = 911이므로 식 (22)에 의해 $\triangle U^{P}_{S,18}(12)$ = 0.7647이 된다. 그러나 입기조뉵정수를 계산할 때는 n-1일까지의 조뉵적을 먼저 계산하고, n일의 조뉵적은 따로 계산하여 구한다(《보일전(步日躔)》 챕터의 〈경삭현망입기조뉵정수계산(求经朔弦望入氣朓朒定數)〉 참조). 그러므로 n-1일까지 조뉵적은 식 (23)에 따라 조적 $\triangle U^{P}_{S,18}(11)$ = 938.3660이 된다. 가령에 따르면 〈이십사기일적도급조뉵(二十四氣日積度及朓朒)〉 입성에서 $U^{P}_{S,i}$가 조(朓)에 해당하므로 백로 후 11일의 조적(朓積) 값은 938.3660이 된다. 동지부터 하지까지는 태양의 실제 속도가 평균속도보다 빠른 구간으로 조(朓), 반대로 하지에서 동지까지는 평균속도가 실제 속도보다 빠른 구간인 뉵(朒)에 해당하지만, 중수대명력에서는 반대로 뉵(朒)을 '+', 조(朓)를 '-'의 구간으로 설정하였다(그림 6 참조). 그러나 입전조뉵정수에서는 뉵을 '-', 조를 '+'로 두었다.

가령에 따라 8월 경망을 계산하면, 1447년 8월 경망의 입기일은 추분(秋分)이며 이때, i=19, n=11, m=3307.50이다. 그러므로 〈이십사기일적도급조뉵〉 입성내에서 초손익률(혹은 손초율) G^{I}_{19} = 0.2480이고, 일차 H_{19} = +0.2332, 조적 $U^{P}_{S,19}$ = 940이므로 식 (21-a)에 의해 $\triangle U^{P}_{S,19}(11)$ = 2.8132가 된다. 초일부터 n-1(10일)까지 누적하여 더하면 15.5540이 되고, 조적 940에서 이를 감한다. 그러므로 조뉵적은 식 (23)에 따라 추분 10일 조적 $\triangle U^{P}_{S,19}(10)$ = 924.4460이 된다.

5) 경삭·현·망의 입기조뉵정수 계산(求经朔弦望入氣朓朒定數)

입기조뉵정수는 태양의 중심차에 해당하는 것으로 동지를 기준으로 임의의 시간 태양의 평균 위치(mean position) 값을 실제 위치(apparent position)로 보정하기 위한 값이다.

> 각각 입항기(入恒氣)가 있는 날의 소여에 해당 기의 그 날의 손익률(損益率)을 곱한다. 일법으로 제한 뒤, 전날까지 누적된 조뉵적(朓朒積)을 더하거나 감하여 입기조뉵정수를 얻는다.

계산하는 방법은 같은 장의 〈경삭현망입기 시각 계산(求经朔弦望入氣)〉에서 구한 경삭입기일소여 m의 값에 식 (21-a)에 의해 계산한 i항기 이후 n일의 손익률, $\triangle U^{P}_{S,i}(n)$을 곱하고, 일법으로 나눈다. 이에 〈매일의 손익영축조뉵 계산(求每日損益盈缩朓朒)〉의 식 (23)에 의해 계산한 n-1일의 영축조뉵적, $\triangle U^{P}_{S,i}(n-1)$을 더하면, 구하고자 하는 입기조뉵정수, $t^{U}_{S,i}(n,m)$를 계산할 수 있다. 이는 현대 수학적 의미는 선형보간법(Linear interpolation)을 활용하여 계산하는 것이다(식 24 참조). 수식에서 n〈15일 때는 a=1이 되고, n=15일 때, $1142\frac{60}{90}$이다.

$$t^{U}_{S,i}(n,m) = \Delta U^{p}_{S,i}(n-1) + \frac{\alpha \times m}{5230} \Delta u^{p}_{S,i}(n) \qquad (24)$$

정묘년 8월 경삭의 경우, i=18, n=12, m=447.66이다. 그리고 $\triangle U^{P}_{S,18}(12)$ = 0.7647, $\triangle U^{P}_{S,18}(11)$ = 938.3660이므로, 입기조뉵정수 $t^{U}_{S,18}(12,447.66)$ = 938.4314가 된다. 이 계산에서 백로 11일까지의 조적을 더하므로 입기조뉵정수는 백로 이후 조정수가 된다. 8월 경망의 경우는 i=19, n=11, m=3307.50이

다. 그리고 $\triangle U^{P}_{S,19}(11)$ = 2.8132, $\triangle U^{P}_{S,19}(10)$ = 924.4460이므로, 입기조뉵정수 $t^{U}_{S,19}(11,3307.50)$ = 922.6670이 된다. 또한 입기조뉵정수는 일식과 동일하게 조정수이다.

한편, 칠정산내편에서는 영축차(盈縮差)에 해당하며, 실제 속도보다 평균속도가 빠른 것은 영차(盈差)에 해당하고 평균속도가 빠른 것은 축차(縮差)에 해당한다. 또한 중수대명력에서 n일의 손익률, $\triangle U^{P}_{S,i}(n)$은 칠정산내편에서는 영축가분(盈縮加分)이라고 하며, 이 값은 따로 계산하지 않고 이미 계산되어 〈태양하지전후이상축초영말한(太陽夏至前後二象縮初盈末限)〉 입성으로 제시되어 있다.

6) 적도수도(赤道宿度) 입성

〈표 4-4〉 적도수도(赤道宿度) 입성

東方 7 (度)		北方 7 (度)		西方 7 (度)		南方 7 (度)	
角	12.00	斗	25.00	奎	16.50	井	33.25
亢	09.25	牛	07.25	婁	12.00	鬼	02.50
氐	16.00	女	11.25	胃	15.00	柳	13.75
房	05.75	虛	09.2568	昴	11.25	星	06.75
心	06.25	危	15.50	畢	17.25	張	17.25
尾	19.25	室	17.00	紫	00.50	翼	18.75
箕	10.50	壁	08.75	參	10.50	軫	17.00
	79.00		94.68		83.00		109.25

7) 동지의 적도일도 계산(求冬至赤道日度)

천정동지일 때 태양의 위치를 적도도수(赤道度宿)로 계산하는 것으로 현대적 개념으로는 적경을 계산하는 것이다.

> 통적분(通積分)을 주천분(周天分)으로 뺀 나머지를 일법으로 제하여 도(度)로 삼고, 모자라는 것은 자리를 낮추어 분초(分秒)로 한다. 〈이때 분초의 모(母)는 100이다.〉 적도 허수(虛宿) 7도로부터 시작하여 빼서 나간다. 수(宿)가 차지 않으면, 그것이 해의 천정동지가시(加時)의 일전적도(日躔赤道)의 도(度)와 분초(分秒)이다.

위의 계산방법을 분석해 보면, 먼저 통적분(t^4)에 주천도의 분 단위인 주천분, 191만 0293분 0530초로 제하여 나간다. 여기서 통적분은 1태양년의 길이의 분 단위인 세실(191만 0224분)에 상원갑자로부터 천정동지까지의 기간(적년)을 곱한 것이다. 그러므로 이 값은 결국 '세차(歲差, precession)×적년'만큼 제한다는 의미이다. 즉, t^A를 191만 0293분 0530초로 나눈 나머지를 5230으로 나누어 분(分) 단위를 도(度) 단위로 변환하고, 이를 기점인 허수 7도부터 28수 순서대로 세어나간다. 이 과정을 수식화하면 다음과 같다.

$$A_{적도} = MOD(t^A, 1910293.0530)/5230 \qquad (25)$$

이를 가령에 따라 정묘년(1447) 천정동지의 적도일도를 계산하면, t^A = 169,3221,0827,2752이므로, 312도 93분 15초 38이 된다. 이를 허수 7도부터 시작하여 28수 순서대로 312도 93분 15초 38이 찰 때까지 제하면, 정묘년 천정동지가시적도일도는 기수(箕宿) 8도 67분 47초 38이 된다.

8) 황도수도(黃道宿度) 입성

〈표 4-5〉 황도수도(黃道宿度) 입성

東方 7 (度)		北方 7 (度)		西方 7 (度)		南方 7 (度)	
角	12.75	斗	23.00	奎	17.75	井	30.50
亢	09.75	牛	07.00	婁	12.75	鬼	02.50
氐	16.25	女	11.00	胃	15.50	柳	13.25
房	05.75	虛	09.2568	昴	11.00	星	06.75
心	06.00	危	16.00	畢	16.50	張	17.75
尾	17.25	室	18.25	紫	00.50	翼	20.00
箕	09.50	壁	09.50	參	09.75	軫	18.50
78.2500		94.0068		83.75		109.25	

9) 천정동지의 황도일도 계산(求天正冬至加時黃道日度)

천정동지적도일도를 황도일도(黃道日度)로 변환하는 계산이다.

> 동지가시적도일도분초(冬至加時赤道日度及分秒)에 101도를 감한다. 나머지에 동지적도분초(冬至赤度及分秒)를 곱하고 자릿수가 100이 차면 분(分)이 되고, 분이 100을 채우면 도(度)로 한다. 이것을 황적도차(黃赤道差)라고 한다. 동지가시적도일도분초를 사용하여 감하면 구하고자 하는 해(年)의 천정동지가시황도일도분초(天正冬至加時黃道日度分秒)가 된다.

동지적도일도분초(冬至赤道日度及分秒)와 101의 차이를 구한 값에 다시 동지적도일도분초를 곱한다. 이를 100으로 나누면 분(分)의 단위가 된다. 이를 다시 동지적도일도분초에서 감하면 구하고자 하는 해의 천정동지가시황도일도분초(天正冬至加時黃道日度及分秒)를 구할 수 있다. 여기서 천정동지적도일도는 $A_{적도}$, 천정동지황도일도는 $A_{황도}$라고 할 때 계산식은 다음과 같다.

$$A_{황도} = A_{적도} - \frac{A_{적도}|A_{적도} - 101|}{100} \qquad (26)$$

식 (26)에 따라 계산하면, 정묘년 천정동지가시황도일도는 기수(箕宿) 7도 87분 38초 40이 된다.

10) 중수대명력 태양운동과 현대 계산 비교

황도상에서 태양의 시위치(apparent ecliptic position) 정확도 검증을 위해 중수대명력 〈표 4-2〉의 P_S와 현대 계산의 결과와 비교하였다. P_S는 1170년 동지를 기준으로 하여 1년 동안 태양이 황도상에서 실제로 운행한 각거리를 24기마다 누적한 것으로 두 기의 차, 즉 $P_S(i+1)-P_S(i)$의 차이를 계산하면 매 24기마다의 값을 알 수 있다. 비교를 위해 앞에서 기술한 중수대명력의 $P_S(i+1) - P_S(i)$ 차이를 $P^Z{}_S$로 두고, 현대 계산 결과를 $P^C{}_S$로 두었다. DE406 천체력을 이용한 현대 계산에서는 1170년 동지인 12월 15.04일 [TT]부터 365일 기간 동안의 매일의 값을 구하였다. 〈그림 4-5〉는 그 결과를 나타낸 것으로 가로축은 동지 이후 365일간의 날수(Day number)이고, 세로축은 $P^Z{}_S - P^C{}_Z$(arcminute)의 값이다. 그림에서 알 수 있듯이 춘분점과 추분점 부근에서 가장 작은 차이를 보이는데, 중수대명력과 현대 계산의 각거리의 값이 거의 동일하다는 의미이다. 반면, 동지와 하지점 부근에서 가장 큰 차이를 보이는데, 동지점에서는 $P^Z{}_S > P^C{}_S$이 되고, 하지점에서는 $P^Z{}_S < P^C{}_S$이다. 이는 태양의 운동이 동지점에서는 현대 계산보다 중수대명력이 더 빠르다고 보았고, 하지점에서는 현대 계산이 중수대명력보다 더 빠른 것으로 보았다. 그러나 이때의 MAD($P^Z{}_S$, $P^Z{}_S$) 값은 현대 각

분(arcminute) 단위로 0.280분으로 태양의 크기인 약 30분(arcminute)과 비교하여도 중수대명력의 값은 현대와 잘 맞는다고 볼 수 있다.

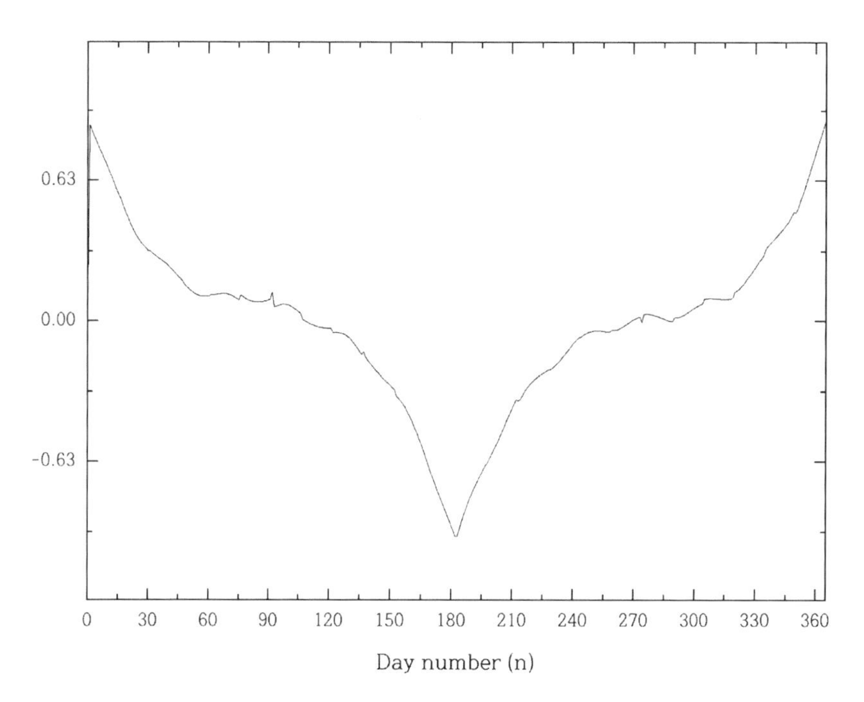

〈그림 4-5〉 중수대명력 태양 위치와 현대 계산 위치 차이: 가로축은 1170년 동지부터의 날수이고, 세로축은 중수대명력(P^Z_S)과 현대 계산(P^C_S)의 차이이다. 춘분점과 추분점에서는 가장 작은 차이를 보이는데, 태양의 속도 변화가 중수대명력과 현대 계산이 거의 동일하다는 의미이다($P^Z_S \approx P^C_S$). 반면, 동지와 하지점 부근에서 차이를 보이는데, 동지 부근에서는 중수대명력의 값이 현대 계산 값보다 동지점 근처에서 속도가 더 빠르고($P^Z_S > P^C_S$), 하지 부근에서는 현대 계산 값이 태양의 속도가 더 빠르다($P^Z_S < P^C_S$).

...

보월리(步月離)

1. 천문상수

한 기준점으로부터 일정한 시간 동안 경과된 태양과 달의 위치를 계산하는 방법은 두 가지가 있는데, 평균값을 사용하거나 보정된 값을 사용한다. 평균 삭망월 주기를 경삭이라고 하는데, 중수대명력에서는 삭책이라고 한다. 반면, 보정된 값은 평균값에 태양과 달의 부등운동을 고려한 것으로 중수대명력의 경우는 경삭일에 입기 · 입전조뉵정수를 보정하여 정삭을 얻는다.

전종일(轉終日)	27일 2900분 6066초
전종분(轉終分)	14,4110분 6066초
전중일(轉中日)	13일 4065분 3033초
삭차일(朔差日)	1일 5104분 3934초
상책(象策)	7일 2001분 2500초
초모(秒母)	10,000
상현(上弦)	91도 31분 42초
망(望)	182도 62분 84초
하현(下弦)	273도 94분 26초
월평행도(月平行度)	13도 36분 87.5초
분초모(分秒母)	100
7일 초수(初數) · 말수(末數)	4648 · 0582
14일 초수(初數) · 말수(末數)	4065 · 1165
21일 초수(初數) · 말수(末數)	3483 · 1747
28일 초수(初數) · 말수(末數)	2901 · 2329

1) 전종일(轉終日)

달이 지구와의 가장 가까운 거리에 있는 근지점(perigee)으로부터 다음 근지점까지의 길이에 해당하며 27일 2900분 6066초이다. 칠정산내편에서는 27일 5546분이며, 현대는 근점월(anomalistic month)로 27.554550일이다.[18]

2) 전종분(轉終分)

전종분은 전종일의 분(分) 단위로 14,4110분 6066초이다.

$$\text{전종분} = \text{전종일} \times \text{일법}$$

3) 전중일(轉中日)

전중일은 전종일의 1/2에 해당하는 값으로 13일 4065분 3033초이다.

$$\text{전중일} = \text{전종일} \times \frac{1}{2}$$

4) 삭차일(朔差日)

삭차일은 삭망월인 삭책(29일 2775분)과 전종일의 차이로 1일 5104분 3934초이다. 경삭입전일경삭 · 현 · 망의 입전일 계산(求經朔弦望入轉)을 계산하는 데 사용된다.

$$\text{삭차일} = \text{삭책} - \text{전종일}$$

5) 상책(象策)

상책은 전종일의 1/4에 해당하는 값으로 7일 2001분 2500초이다. 경삭입전일에 상책을 누적하여 더하면 각각 경현, 경망입전일을 구할 수 있다.

$$전중일 = 전종일 \times \frac{1}{4}$$

6) 초모(秒母)

근점일과 관련된 달의 위치를 계산할 때 사용되는 초모 상수로서 값은 10,000이다. 10,000초가 되면 1분이 된다.

7) 상현(上弦)

상현은 삭에서 상현까지 달의 이동각도를 나타낸 것으로 91도 31분 42초이다. 주천도의 1/4에 해당하는 값이다.

$$상현 = 주천도 \times \frac{1}{4}$$

8) 망(望)

망은 삭에서 망까지 달의 이동각도를 나타낸 것으로 182도 62분 84초이다. 주천도의 1/2에 해당하는 값이다.

$$상현 = 주천도 \times \frac{1}{2}$$

9) 하현(下弦)

하현은 삭에서 하현까지 달의 이동각거리를 나타낸 것으로 273도 94분 26초이다. 주천도의 3/4에 해당하는 값이다.

$$상현 = 주천도 \times \frac{3}{4}$$

10) 월평행도(月平行度)

하루 동안 천구상을 움직이는 달의 평균 각속도(mean angular speed)에 해당하는 값으로 13도 36분 87.5초이다. 보통 계산에서는 분 단위를 반올림한 13.37도를 사용한다. 달의 실제 각속도는 근지점(perigee)에서 빠르게 움직이고 원지점(apogee)에서 비교적 느리게 움직인다.

11) 분모 초모(分母・秒母)

달의 위치를 계산할 때, 각거리로 계산되는 분과 초는 각각 100으로 100초가 넘으면 1분이 되고, 100분이 넘으면 1도가 된다.

12) 초수(初數)와 말수(末數)

삭 · 현 · 망의 입전조뉵정수(求朔弦望入轉朓朒定數)를 계산할 때 근지점으로부터 경과한 날수인 입전일이 7일, 14일, 21일, 28일일 때, 입전일 이하 분초의 값에 따라《보구루(步晷漏)》〈표 4-7〉의 〈이십사기척강급일출분(二十四氣陟降及日出分)〉 입성의 손익분(I(I^a)) 값을 다르게 사용한다. 즉, 분초를 각각의 초수와 비교하여서 '초수 〉 분초'이거나 또는 '초수 〈 분초'일 때 초율(I) 또는 말율(I^a) 값을 사용한다. 7일, 14일, 21일, 28일일 때 초수 각각 4648, 4065,

3483, 2901이고 말수는 각각 0582, 1165, 1747, 2329이다. 이는 달의 궤도에서 14일은 달의 평균운동이 실제 운동보다 빠른 기간인 지력(遲曆)이 시작되는 원지점이 되고 28일은 달의 실제 운동이 평균보다 빠른 기간인 질력(疾曆)이 시작되는 근지점 구간이다. 7일과 14일은 질력과 지력이 최대가 되는 구간으로 이 구간을 지나면 속도가 점점 느려지거나 빨라지는 구간이다. 그러므로 이 네 개의 날은 달의 속도가 크게 변하는 구간으로 보았다. 또한, 초수와 말수를 더하면 일법이 된다.

2. 달의 운동 추산

1) 전정분급적도조뉵율(轉定分及積度朓朒率) 입성

〈표 4-6〉 전정분급적도조뉵율(轉定分及積度朓朒率) 입성

日	轉定分	轉積	遲疾	損益		朓朒率
n	$\triangle P_M$(度)	$\triangle P_M$(度)	$\triangle U^d_M$(度)	I(分)	I^a(分)	U^P_M(分)
01	14.68	0.00	0.00	益+0.0513		朓 -0.0000
02	14.57	14.68	+1.31	+0.0469		-0.0513
03	14.42	29.25	+2.51	+0.0411		-0.0982
04	14.22	043.67	+3.56	+0.0332		-0.1393
05	13.99	057.89	+4.41	+0.0243		-0.1725
06	13.73	071.88	+5.03	+0.0141		-0.1968
07	13.47	080.61	+5.39	+0.0043	損-0.0004	-0.2109
08	13.21	099.08	+5.49	損-0.0063		-0.2148

日	轉定分	轉積	遲疾	損益		朓朒率
n	$\triangle P_M$(度)	$\triangle P_M$(度)	$\triangle U^d_M$(度)	I(分)	I^a(分)	U^P_M(分)
09	12.95	112.29	+5.33	-0.0164		-0.2085
10	12.71	125.24	+4.91	-0.0258		-0.1921
11	12.47	137.95	+4.25	-0.0352		-0.1663
12	12.28	150.42	+3.35	-0.0427		-0.1311
13	12.14	162.70	+2.26	-0.0481		-0.0884
14	12.04	174.84	+1.03	-0.0403	益+0.0117	-0.0403
15	12.08	186.88	-0.30	益+0.0505		朒 +0.0117
16	12.19	198.96	-1.59	+0.0462		+0.0622
17	12.36	211.15	-2.87	+0.0395		+0.1084
18	12.58	223.51	-3.78	+0.0309		+0.1479
19	12.81	236.09	-4.57	+0.0219		+0.1788
20	13.07	248.90	-5.13	+0.0117		+0.2007
21	13.33	261.97	-5.43	+0.0027	損-0.0011	+0.2124
22	13.59	275.30	-5.47	損-0.0086		+0.2140(39)
23	13.84	288.89	-5.25	-0.0184		+0.2054(03)
24	14.08	302.73	-4.78	-0.0278		+0.1870(69)
25	14.31	316.81	-4.07	-0.0368		+0.1592
26	14.49	331.12	-3.13	-0.0438		+0.1224
27	14.63	345.61	-2.01	-0.0493		+0.0786
28	14.72	360.24	-0.75	-0.0293		+0.0293

달의 운동은 근점월 주기(anomalistic period)인 전종일(轉終日) 27일 2900분 6066초를 기준으로 하여 28일의 값이 입성으로 기록되어 있다. 〈전정분급적도조뉵율(轉定分及積度朓朒率) 입성〉의 첫 번째 열(n)은 근지점(perigee)으로부터 경과된 일수를 나타내는 것으로 기준이 되는 근지점을 0이 아닌 1일로 두었다. 또한, 입성의 값들은 초일부터 28일까지 매일의 값으로 하루의 길이인 5230분 동안 움직인 달의 각속도이다.

두 번째 열의 전정분(轉定分, $\triangle P_M$)은 $n(1 \leq n \leq 28)$번째 날 동안 달이 실제 움직인 각거리(angular distance) 값을 나타낸 것이다. 달의 하루 동안 평균 각거리를 월평행도(月平行度)라고 하며, 13도 36분 87.5초이다. 세 번째 열의 전적도(轉積度, P_M)는 $\triangle P_M$의 누적값으로, 근지점으로부터 n번째 날까지 누적한 각거리이다. 매일의 실제 달의 각거리 $\triangle P_M(n)$과 월평행도와의 차이를 $\triangle M^d_M$라고 했을 때, 네 번째 열인 지질도(遲疾度, $\triangle U^d_M$)는 근지점부터 n번째 날까지의 누적된 $\triangle M^d_M$의 값이다. 〈표 4-6〉에서는 전종일(轉終日)을 근지점과 원지점, 두 구간으로 나누어 달의 부등운동을 입성으로 수록한 것이다. 즉, 달은 근지점에서 원지점까지는 평균운동보다 실제 속도가 빠른데, 이 구간을 질력(疾曆)이라고 하고, 반대로 원지점부터 근지점까지는 실제 달의 운동이 평균보다 느린데, 이 구간을 지력(遲曆)이라고 한다. 이들은 〈표 4-2〉의 〈이십사기일적도급영축(二十四氣日積度及盈縮)〉 입성에서 U^d_S와 같은 의미로 각각 영력(盈曆)과 축력(縮曆)에 해당한다. 〈그림 4-6〉은 근일점 이후 날수에 따른 $\triangle M^d_M$와 $\triangle U^d_M$를 나타낸 것으로, 실선은 $\triangle M^d_M$, 점선은 $\triangle U^d_M$ 값이다. 그림에서 n이 14에서 15가 되는 기간 동안의 값은 '+'에서 '-'가 되는데, 이는 각각 질력과 지력의 구간을 의미한다. 예를 들어, n=18일 때 달의 평균 위치는 227.29도(= 17 × 13.37)이므로 〈전정분급적도조뉵율(轉定分及積度朓朒率)〉 입성의

$\triangle U^d_M(18)$ = 3.78값으로 보정하면, 달의 실제 위치를 구할 수 있다.

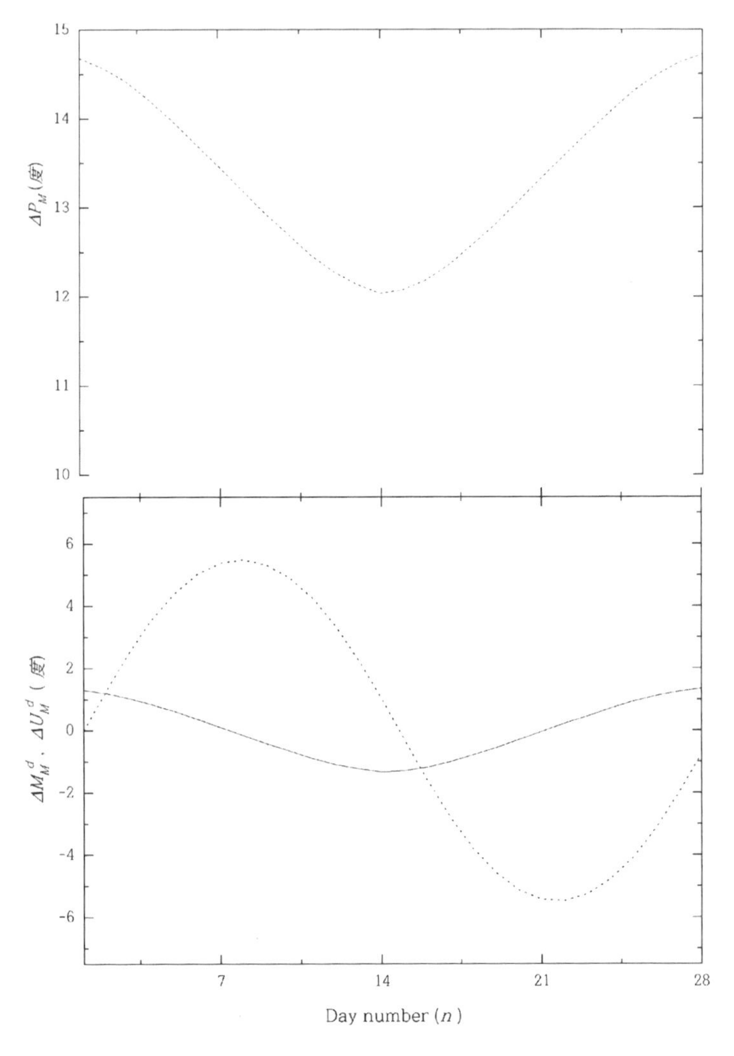

〈그림 4-6〉 전정분과 조뉵율: 위의 그림은 〈표 4-6〉에서 매일 달의 실제 각거리를 나타내는 전정분($\triangle P_M$)이다. 그리고 아래의 그림에서 실선은 $\triangle M^d_M$(= $\triangle P_M$ − 13.36875)의 각거리를 나타낸 것이고, 점선은 $\triangle M^d_M$의 누적된 값인 지질도($\triangle U^d_M$)를 나타낸 것이다. 또한, 그래프에서 n이 14에서 15가 되는 기간 동안 점선의 값은 '+'에서 '−'가 되는데, 이는 각각 달의 실제 속도가 평균보다 빠른 질력(疾曆)과 평균속도가 실제 속도보다 빠른 지력(遲曆)의 구간을 의미한다.

$\triangle U^{d}_{M}(18)$일 때의 값은 원지점을 지난 지력(遲曆)에 해당하므로, 실제 달의 운동은 평균보다 느리다. 그러므로 앞에서 계산한 달의 평균운동 값 227.29도에서 3.78도를 감하면 $P_{M}(18) = 223.51$이 된다. 다음으로 다섯 번째 열, I는 매일의 손익분(損益分)으로, 〈표 4-6〉 입성에서 매일의 실제 달의 행도 $\triangle P_{M}(n)$과 월평행도(13.37도)와의 차이인 각도 단위의 $\triangle M^{d}_{M}$을 시각의 단위인 분(分)으로 나타낸 것이다. 중수대명력에서는 매일 천체의 위치를 나타낼 때, 각도가 아닌 분 단위로 계산한다. 그러므로 각도 단위로 관측한 값들은 분 단위로 변환이 필요하지만 수시력 이후부터는 각도 단위로 계산이 된다. n번째 날의 손익분 I(n)은 식 (27-b)와 같이 나타낼 수 있다.

$$\triangle M^{d}_{M} = \triangle P_{M}(n) - 13.37 \qquad (27\text{-}a)$$

$$I(n) = \triangle M^{d}_{M} \times 5230/13.37 \qquad (27\text{-}b)$$

예를 들어, n=2일 때, $\triangle P_{M}(2) = 14.57$이므로 $\triangle M^{d}_{M} = 1.31$도가 되어, $I(2) = 469$분이 된다.

〈그림 4-6〉에서 $1 \leq n \leq 7$인 구간은 질력의 전반으로, 달의 실제 위치가 점점 더 평균위치를 앞서 질도(疾度)가 증가하는 익분(益分)의 구간이다. 반면, $7 < n \leq 14$의 구간은 실제 위치가 점점 평균위치에 가까워져 질도가 감소하는 손분(損分)의 구간이다. 이와 마찬가지로, $14 < n \leq 21$과 $21 < n \leq 28$의 구간은 각각 지도(遲度)가 증가하는 익분이 되고, 지도가 감소하는 손분이 된다. 〈그림 4-6〉에서 n=7, 14, 21, 28의 경우는 기울기가 변하는 구간으로 삭현망 입전소여 값의 크기에 따라 초율(I) 또는 여섯 번째 열의 말율(I^{a}) 값을 사용한다. 식 (27-b)에 의하면, I(7) = +39, I(14) = −481, I(21) = −16이 된다. 그러나 입

성은 초율(I)과 말율(I^a) 두 구간으로 나누어져 있고 $I + I^a$가 I(n)의 값으로 주어져 있다. 예로, n=7일 때 I=43, I^a=-4이므로 초율(I)와 말율(I^a)을 더하면, 식 (27-b)의 값과 같이 +39(= $I + I^a$)가 된다. 더 자세한 내용은 이번 챕터의 〈구삭현망입전조뉵정수(求朔弦望入轉朓朒定數)〉에서 다룬다.

마지막으로, 조뉵율(朓朒率, U^P_M)은 I(I^a)의 값이 근지점 이후 n번째 날까지 누적된 중심차 값이다. 또한, I(I^a)와 마찬가지로 각도 단위(度)의 누적된 지질($\triangle U^d_M$)을 분(分) 단위로 변환한 값으로 다음 식 (28)과 같이 계산된다.

$$U^P_M(n) = \triangle U^d_M(n) \times 5230/13.37 \quad (28)$$

〈표 4-6〉에서 $\triangle M^d_M$과 I(I^a) 그리고 $\triangle U^d_M$와 U^P_M는 각각 각도(度)와 분(分) 단위로 나타낸 것이다.

앞서 언급한 것처럼 〈전정분급적도조뉵율〉 입성은 총 28일에 대해 매일 하루 동안 달의 부등운동량이 수록되어 있다. 그러나 곽수경 등이 만든 수시력부터는 하루를 12시진에 따라 세분화하여 28일간 총 336한(限)(= 28일 × 12시진)을 사용한다.[19]

2) 경삭·현·망의 입전일 계산(求經朔弦望入轉)

입전일(入轉日)은 달이 근지점을 경과한 일수를 의미한다. 이는 임의의 경삭일에 일식이 있을 경우, 달이 근지점으로부터 일식이 일어나는 시점까지의 경과된 일수를 알기 위한 계산이다.

천정삭적분(天正朔積分)에 전종분초(轉終分秒)로 빼나가다가 전종분초에 미치지 못한 것을(즉, 전종분초보다 작을 경우) 일법으로 나누어 천정 11월 경삭입전일(經朔入轉日)과 분초(餘秒)로 한다. 이에 상책(象策)으로 누적하여 더하고, 앞과 같은 절차를 거쳐 경현 · 경망일의 가시입전일여초와 다음 경삭 입전을 얻는다. 〈이에 삭차(朔差)를 더한다〉.

자세히 설명하면 다음과 같다. 천정삭적분(S^{mn})에 근점월에 해당하는 전종분(144110분 6066초)으로 제한다. 전종분은 전종일을 분 단위로 나타낸 것으로 전종일×5230에 해당한다. 그리고 전종분으로 감한 나머지를 일법으로 나누면 정수 부분은 일(日)이 되고, 나머지는 분초가 되는데, 이것이 바로 천정경삭의 입전일이다. 즉,

$$\text{천정경삭 입전일} = \text{MOD}\ (S^{mn},\ 144110.6066)\ /\ 5230 \qquad (29)$$

이다. 이 천정경삭입전에 상책을 누적하여 더하고 전종일(27일 2900분 6066초)로 제하여 각각 경현, 경망일과 다음 경삭의 입전일을 구하거나 경삭입전에 삭책을 더하여 식 (30)과 같이 다음의 경삭입전일을 계산할 수 있다.

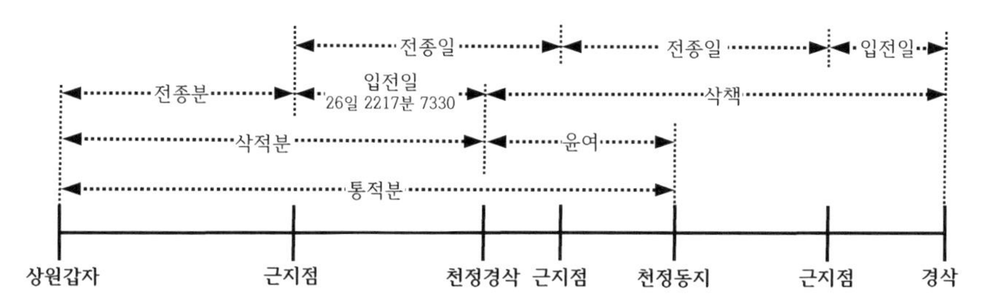

〈그림 4-7〉 정묘년(1447) 천정경삭입전일: 1447년의 천정경삭의 입전일은 26일 2217분 7330으로, 이는 천정경삭일이 그 직전의 근지점으로부터 26일 2217분 730이 경과했다는 의미이다.

$$\text{다음경삭 입전일} = MOD[(\text{천정경삭입전일} + \Sigma 29.2775), 27.29006066] \quad (30)$$

다음 경삭입전일은 식 (30)과 같이 삭책(29일 2775분)을 더한 후에 전종일(27일 2900분 6066초)을 제하여 구하는 것이므로 삭책과 전종일의 차이인 삭차일(1일 5104분 3934초)을 더하는 것으로 간단하게 계산할 수 있다.

정묘년 가령에 따라 예를 들면 다음과 같다. S^{mn} = 169,3221,0814,4585이므로 식 (29)에 따라 계산하면 천정경삭입전일은 26일 2217분 7330이다(그림 4-7 참조). 이에 삭차일을 9번 더하면 정묘년(1447) 음력 8월 경삭입전일은 18일 3291분 0604이다. 8월 경망입전일은 8월 경삭입전일에 망책 14일 4002분 50을 더하고, 전종일 27일 2900분 6066초보다 크므로 이를 제하면 8월 경망입전일여초 5일 4392분 9538이 된다.

3) 삭・현・망의 입전조뉵정수 계산(求朔弦望入轉脁朒定數)

조뉵정수는 달의 중심차에 해당하는 것으로 입전조뉵정수는 근지점을 기준으로 매일 달의 실제 위치를 계산하기 위한 보정값을 계산하는 것이다. 칠정산내편에서는 지질차(遲疾差)에 해당하며 실제 속도가 평균속도보다 빠른 것은 질차(疾差)이고, 평균속도가 실제 속도보다 빠른 것은 지차(遲差)이다.

> 경삭현망의 입전소여를 놓고, 그 일(日)의 산외(算外)의 손익률(損益率)을 곱한 것을 일법으로 나누어 얻은 것을 조뉵적(脁朒積)에 손익(損益)한 것이 조뉵정수(脁朒定數)이다. 그 4개의 7의 배수일의 나머지[餘]가 초수(初數) 이하이면 초율(初率)을 곱하고, 초수로 나눈 후에 조뉵적을 누적하여 손익한 것이 조뉵정수이다. 초수 이상이면 초수를 감한 나머지에 말율(末率)을 곱하고, 말수(末數)로 나눈 후에 초율을 감한 나머지를 조뉵적에 누적하여 더한 것이 조뉵정수이다. 그 14일의 나머지[餘]가 초수 이상이면, 초수를 감한 나머지에 말율을 곱한 뒤 말수로 나누

면 조뉵정수가 된다.

일월식이 일어나는 당일 하루 동안의 경삭 순간의 달의 실제와 평균운동 차이 값(손익률)을 계산하는 것이다. 그러므로 일 이하 분 단위인 '경삭현망의 입전일 소여' 부분의 손익률을 계산하는 방법을 간단하게 나타내면,

5230(일법): 경삭입전일소여(m) = 경삭입전일대여 손익률(I) : 경삭입전일소여 손익률

이 된다. 그리고 이 값에 해당 입전일까지 누적되어 온 입성의 손익분(U^p_M)을 더하면 경삭입전일 대여와 소여값에 해당하는 모든 중심차를 계산할 수 있다. 그러나 여기서 확인해야 할 사항은《보일전(步日躔)》 챕터의 〈경삭 · 현 · 망의 입기조뉵정수 계산(求经朔弦望入氣朓朒定數)〉과 마찬가지로 입전일이 정삭일 때의 값이 아닌 경삭일 때의 값을 활용한다.

중수대명력의 조뉵정수를 계산하는 방법을 풀이하면 다음과 같다. 경삭일의 입전소여(m)를 놓고, 그 날(n)의 다음 날[算外], 즉 (n+1)일의 손익률(I)을 곱한다. 이것을 일법으로 나누어서 조뉵적(U^p_M)에 손익(損益)한 것이 경삭입전일의 조뉵정수(朓朒定數, $t^U_M(n,m)$)이다. 조뉵정수에서 조(朓)는 빠르다는 의미로, 달의 실제 운행속도가 평균운행속도보다 빠른 경우이다. 반대로 뉵(朒)은 평균속도보다 느린 경우이다. 즉, $t^U_M(n,m)$을 계산하는 방법은 식 (31)과 같이 나타낼 수 있는데, 식에서 알 수 있듯이 선형보간법을 이용하여 계산한다.

$$t^U_M(n,m) = U^p_M(n+1) + \frac{m}{5230} I(n+1) \qquad (31)$$

단, $t^{U}_{M}(n,m)$은 n=6, 13, 20, 27일 때는 m의 값에 따라 두 가지로 나누어 계산한다. 중수대명력 원문에서 '4개의 7의 배수일의 나머지'는 7의 배수가 되는 날, 즉 7일, 14일, 21일 그리고 28일이다. 그러나 중수대명력 〈전정분급적도조뉵율〉 입성에서는 그 날(n)의 다음 날 '산외(算外)'인 날을 활용한다. 그러므로, n=6, 13, 20, 27일 때는 테이블에서 (n+1)일인 값을 사용하므로 실제로는 7일, 14일, 21일, 28일을 계산하는 셈이다.

다음으로 n=6, 13, 20, 27일 때 조뉵정수를 계산하면 다음과 같다. 경삭입전일분의 소여 m의 값이 각각 초수인 4648분(n=6), 4065분(n=13), 3483분(n=20), 2901분(n=27) 이하일 때와 이상일 때 두 가지로 나누어진다. m이 초수 이하일 때는 〈표 4-6〉의 손익 초율(I)을 곱하고, 일법이 아닌 각 초수(4648, 4065, 3483, 2901)로 나눈다. 그리고 이 값을 입성의 U^{P}_{M}에 더하여 조뉵정수를 계산한다. m이 초수 이상일 때는 다시 두 가지로 나누어지는데, n=6, 20, 27일 경우와 n=13일 경우이다. 먼저, n=6, 20, 27인 경우는 m에 초수를 감한 나머지에 입성의 손익 말율(I^{a})을 곱하고 각 말수로 나눈 것을 다시 초율에서 뺀 나머지를 입성의 U^{P}_{M}에 더하여 조뉵정수를 계산한다. n=13인 경우는 m에 초수를 감한 나머지에 입성의 손익 말율(I^{a})을 곱하고 각 말수로 나눈 것이 조뉵정수가 된다. 여기서, m은 경삭입전의 소여이고, n′은 n+1일, β는 각각의 n′일 때 각 초수이다. 이를 식으로 나타내면 다음과 같다.

$$t_M^U(n,m) = U_M^p(n') + \frac{m}{\beta} I(n') \qquad m < \beta \qquad (32\text{-a})$$

$$t_M^U(n,m) = U_M^p(n') + I(n') + \frac{(m-\beta)}{(5230-\beta)} I^{\alpha}(n') \qquad m > \beta \qquad (32\text{-b})$$

$$t_M^U(13,m) = \frac{(m-\beta)}{(5230-\beta)} I^{\alpha}(14) \qquad m > \beta \qquad (32\text{-c})$$

가령에서처럼 1447년 음력 8월 경삭의 입전일은 18일 3291분 0604초로, n=18, m=3291.0604이므로, 〈전정분급적도조뉵율〉 입성에서 $U^{P}_{M}(19)$ = 1788분, I(19)=219분이다. 그러므로 식 (31)로부터 $t^{U}_{M}(18,3291.0604)$ = 1925.8092분이 된다. 또한, U^{P}_{M}의 값이 뉵(朒)이므로 입전뉵정수(入轉朒定數)에 해당한다. 입전뉵정수가 1925.8092분이라는 것은 달의 실제 위치(apparent position)가 평균각속도로 움직인 거리보다 1925.8092분만큼 느리다는 의미이다.

가령에서는 n=6, m=4870.00의 경우에 대해서도 예시로 설명되어 있다. n=6일 경우, n′=7이 되므로, 입성에서 $U^{P}_{M}(7)$ = +2107분, I(7) = 43분, $I^{a}(7)$ = -4분이다. 그러나 m〉4648이므로 식 (32-b)에 따라, $t^{U}_{M}(6,4870.00)$ = 2510.4743분이 된다. 이 경우는 U^{P}_{M} 값이 조(朓)에 속해 있으므로, 달의 실제 속도가 평균속도보다 빠른 입전조정수(入轉朓定數)이다. 〈그림 4-8〉은 가령에서 두 가지 예시를 도식화한 것으로 M″은 입전조정수 M′은 입전뉵정수인 경우이다.

1447년 음력 8월 경망의 입전일은 5일 4392분 9538초이며, n=5, m=4392.9538이므로, 식 (31)을 활용하여 계산한다. 〈전정분급적도조뉵율〉 입

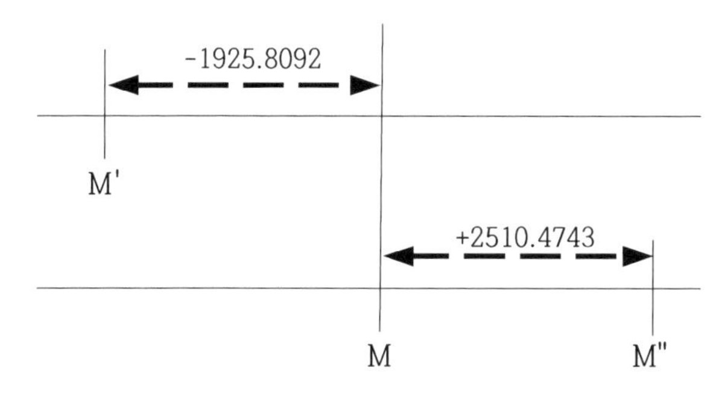

〈그림 4-8〉 평균달의 위치와 입전조뉵정수: M은 달의 평균 위치, M′은 $t^{U}_{M}(18,3291.0604)$일 때의 값으로 평균보다 느린 뉵정수에 해당한다. 반면 M″은 $t^{U}_{M}(6,4870.00)$일 때의 값으로 평균 위치보다 실제 위치가 빠른 조정수에 해당한다.

성에서 입전산외로 $n' = 6$이므로, $U^{P}_{M}(6) = -1968$분, $I(6) = -141$분으로 $t^{U}_{M}(5,4392.9538) = 2086.4333$분이 된다. 또한, U^{P}_{M}의 값이 조(朓)이므로 입전조정수(入轉朓定數)가 된다.

4) 정삭 · 정망의 계산(求朔望定日)

삭망월의 기준인 삭일(new moon)은 태양과 달의 황경(ecliptic longitude)이 일치하는 순간을 말한다. 그러나 앞서 구한 경삭은 태양과 달의 평균운동에 기반하여 구한 삭일이고, 실제 태양과 달은 부등운동을 고려한 각각의 정삭(定朔, corrected new moon)과는 차이가 있다. 중수대명력에서는 아래와 같은 방법으로 정삭을 구하여 한 달의 길이를 결정한다.

> 경삭, 현, 망일의 소여(小餘)에 입기조뉵정수(入氣朓朒定數)와 입전조뉵정수(入轉朓朒定數)를 더하거나 빼는데, 조(朓)정수는 빼고 뉵(朒)정수는 더한다. 소여의 값이 일법보다 크거나 작을 경우는 대여(大餘)에서 진퇴(進退)한다. 계산된 정삭을 갑자로부터 세어나가면 각각 정삭현망의 일진(日辰)과 소여를 얻는다.

1447년 음력 8월의 정삭의 경우, 먼저 경삭일 $S^{n}_{9}=56.2555$이고, 이때의 입기조뉵정수 $t^{U}_{S,i}(n,m)$은 938.4314분이고 입기'조'정수이므로 경삭일에 감한다. 그리고 입전조뉵정수 $t^{U}_{M}(u,m)$은 1925.8092분이고, 입전'뉵'정수이므로 더한다. 즉,

$$\text{정삭일} = S^{n}_{k} + \{t^{U}_{S,i}(n,m) + t^{U}_{M}(n,m)\} \qquad (33)$$

위의 식에서 정묘년 8월 삭의 경우 $t^{U}_{S,i}(n,m) + t^{U}_{M}(n,m) = +987.3778$분

이 되는데, 달이 987.3778(=1925.8092-938.4314)분을 움직이면 태양과 달의 실제 황경이 일치하는 순간이 된다는 의미이다(그림 4-9 참조). 경삭일 56일 2555분일 때, 식 (33)에 의해 구한 정삭일분은 56일 3542분 3778로, 대여 부분인 56을 갑자로부터 세어나가면 일진은 경신(庚申)일이 된다.

8월 정망의 경우는 먼저 경삭일 S^n_9 = 11.1327.5이고, 입기조정수, $t^U_{S,i}(n,m)$ = 922.6669는 입기'조'정수이므로 경삭일에 감한다. 그리고 입전조뉵정수 $t^U_M(n,m)$ = 2086.4333 또한 입전'조'정수이므로 감한다. 그러므로 8월 정망일은 10일 3548분 3998이다.

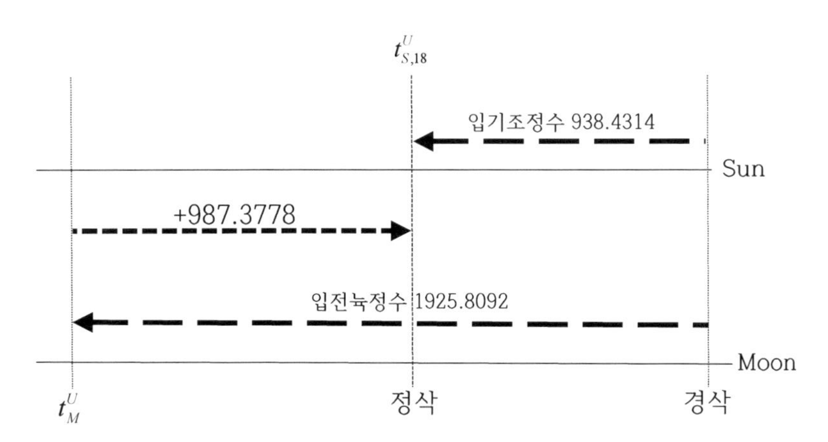

〈그림 4-9〉 정묘년 8월 정삭일: t^U_S와 t^U_M은 각각 태양과 달의 입기조정수와 입전뉵정수로서 실제 위치를 나타낸다. t^U_M에 위치한 달이 t^U_S에 위치한 태양의 위치와 일치하기 위해서는 +987.3778분을 더 가야 한다.

다음으로 월의 대소(大小)를 정하는 방법은 다음과 같다. 정삭일의 간명(干名)과 다음 정삭의 간명이 같으면, 해당 월은 대월(大月)이 되고, 같지 않으면 해당 월은 소월(小月)이다. 해당 월에 중기(中氣)가 없는 월은 윤달(閏月)이 된다. 일진(日辰)은 십간(十干, 갑, 을, 병…)과 십이지(十二支, 자, 축, 인…)의 조합이기 때문에(예: 갑자, 을축…) 일진의 간명(干名)은 10일마다 반복된다. 보통 한 달의 길이는 29일 또는 30일이기 때문에, 두 연속한 월의 간명이 같을 경우는 첫 번째 월의 길이가 10의 배수인 30일이라는 의미가 되므로 대월(大月)이 된다. 반면 두 연속한 월의 간명이 다르다는 것은 첫 번째 월의 길이가 29일이라는 의미가 되므로 소월(小月)이 된다.[20]

아울러 정삭 소여가 추분 후에는 일법의 3/4(= 5230×0.75) 이상인 경우는 1일을 더한다. 그리고, 춘분 후에는 정삭일의 일출분과 춘분날의 일출분을 서로 뺀 나머지를 3으로 나누어 3/4에서 감한 것이 정삭소여보다 작으면 1일을 나아간다. 그러나 교식, 즉 일식이 있고 초휴가 일입 전에 있으면 날짜를 +1일 하지 않는다. 이를 진삭법(進朔法)이라고 하는데, 큰 달이 연속되는 사삭빈대(四朔頻大)를 피하기 위한 방법으로 대월의 순서를 변경할 수 있다. 이때 4번째 대월의 30일이 진삭법으로 다음 날 초하루가 된다. 그러나 이 방법은 초하루에 일식이 생기지 않으므로 일식이 있는 경우에는 진삭법을 쓰지 않는다. 진삭법은 앞서 언급했듯이 원의 수시력에서 폐지되었다.

5) 중수대명력 달의 운동과 현대 계산 비교

중수대명력에서 매일($1 \leq n \leq 28$) 달의 실제 이동 각거리의 정확도 검증을 위해 중수대명력 〈전정분급적도조뉵율〉 입성의 $\triangle P_M(n)$와 현대 계산 결과와 비교를 하였다. 달의 각거리 $\triangle P_M(n)$는 근지점을 기준으로 계산한 값으로 계산을 위해 입성의 $\triangle P_M$을 $\triangle P^Z{}_M$로 두고, 현대 계산을 $\triangle P^C{}_M$으로 하였다. 현대 계산은 DE406 천체력을 이용하였다. 〈그림 4-10〉은 $\triangle P^Z{}_M - \triangle P^C{}_M$의 결과를 나타낸 것이다. 가로축은 근지점 이후의 날수로 달의 근지점 변화의 주기(period of Moon's node)를 고려하여 8.85년 동안인 1170년 12월 6일부터 1179년 12

월 7일까지로 하였다. 그러므로 1171년 동지 근처 근지점을 기준으로 8.85년 동안 누적된 매일의 값을 각각 평균한 값이다. 그림에서 근지점(n=1) 근처와 n=10, 20일 때 가장 많은 차이를 보였으며, 근지점 근처에서는 현대의 값이 중수대명력보다 약 0.34° 크고, 반대로 10일과 20일 근처에서는 중수대명력의 값이 현대 값보다 약 0.21° 정도 큰 것을 알 수 있다. 또한, 두 값의 MAD(P^Z_M, P^C_M) 값은 0.145°이다.

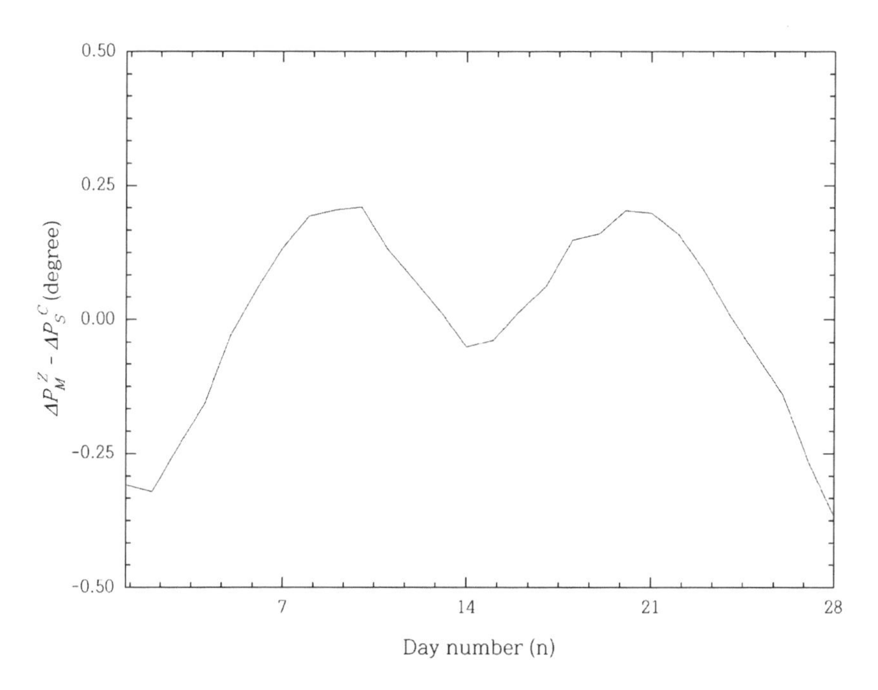

〈그림 4-10〉 중수대명력과 현대 계산의 매일 달의 실제 운동 비교: 가로축은 근지점 이후의 날수이고, 세로축은 매일 달의 이동 각거리에 대해 중수대명력의 값($\triangle P^Z_M$)과 현대 계산 결과($\triangle P^C_M$)와의 차이, $\triangle P^Z_M - \triangle P^C_M$이다.

···

보구루(步晷漏)

1. 천문상수

일출입 시각은 해당 위도의 태양의 뜨고 지는 시각을 알기 위한 것도 있으며, 경점법으로 변경해서 물시계에 활용되기도 한다. 또한 일월식에도 활용되는데, 기차정수(氣差定數)를 계산하거나 밤에 일식이 일어나는 등 지상에서는 볼 수 없는 지하식(地下食)과 일출입 시각 근처에서 일어나는 일월식, 즉 대식(帶食)의 판단을 위해서도 필요했다.

중한(中限)	182일 62분 18초
동지초한(冬至初限)・하지말한(夏至末限)	62일 20분
하지초한(夏至初限)과 동지말한(冬至末限)	120일 42분
동지지중구영상수(冬至地中晷影常數)	1장 2척 8촌 3분
하지지중구영상수(夏至地中晷影常數)	1척 5촌 6분
혼명분(昏明分)	130분 75초
각법(刻法)	313분 80초
혼명각(昏明刻)	2각 156분 90초
주법(周法)	1428
내외법(內外法)	10896
반법(半法)	2615분
일법사분지삼(日法四分之三)	3922분 반
일법사분지일(日法四分之一)	1307분 반
초모(秒母)	100

1) 중한(中限)

중한은 182일 62분 18초이며, 1년의 길이인 세책의 1/2에 해당하는 값으로 동지부터 하지까지 또는 하지부터 동지까지의 길이이다.

$$중한 = 세책 \times \frac{1}{2}$$

2) 동지초한(冬至初限)과 하지말한(夏至末限)

동지초한과 하지말한의 값은 62일 20분이다. 동지부터 춘분까지, 추분부터 하지까지는 각각 동지초한과 동지말한에 해당한다. 그리고 하지부터 추분까지 추분부터 동지까지는 하지초한과 하지말한에 해당한다. 중수대명력에서는 동지를 기준으로 하지의 말한과 동지의 초한의 구간이 서로 대칭이 되며, 각각 62일 20분으로 동일하다(그림 4-11 참조).

3) 하지초한(夏至初限)과 동지말한(冬至末限)

하지를 기준으로 하지의 초한과 동지의 말한 구간의 길이가 서로 대칭이 되며, 각각 120일 42분으로 동일하다. 위의 동지초한(冬至初限) 또는 하지말한(夏至末限)의 62일 20분과 하지초한(夏至初限) 또는 동지말한(冬至末限)의 120일 42분을 더하면 중한이 된다. 〈그림 4-11〉은 동지와 하지의 초한과 말한을 그림으로 나타낸 것이다.

$$중한 = 동지초한(또는\ 말한) + 하지초한(또는\ 말한)$$

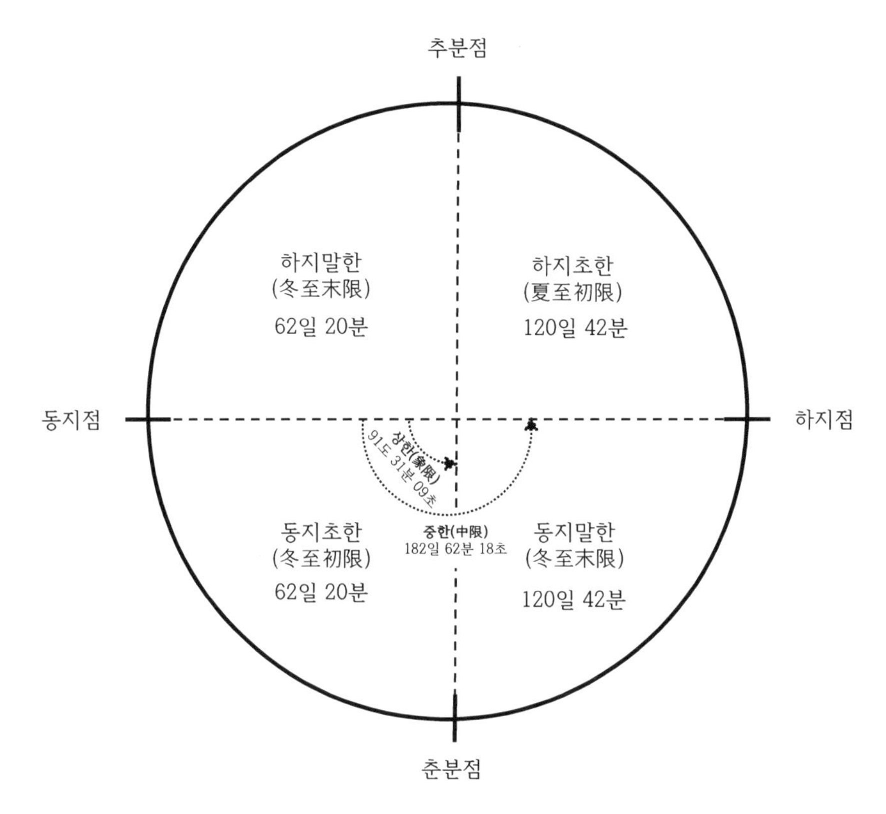

〈그림 4-11〉 동지와 하지의 초한과 말한: 동지의 초한과 하지의 말한은 동지를 기준으로 하여 대칭이 되며, 각각 62일 20분이다. 그리고 하지를 기준으로 하지초한과 동지말한은 120일 42분으로 대칭이다. 그러므로 동지점부터 하지점까지의 길이를 중한이라고 하며, 그 길이는 182일 62분 18초에 해당한다. 상한(象限)은 91도 31분 09초로 각각의 초한과 말한 사이의 각도이다. 그러므로 동지초한(하지말한) 구간에서는 1상한을 가는 데 62일 20분이 소요되는 반면, 동지말한(하지초한) 구간에서는 120일 42분이 소요되어 상대적으로 느리다.

4) 지중구영상수(地中晷影常數)

동지와 하지의 지중구영상수는 각각 1장 2척 8촌 3분과 1척 5촌 6분으로 동지와 하지일 때, 8척 규표의 그림자 길이를 나타낸 값이다. 여기서 그림자의 길이를 나타내는 장, 척, 촌, 분의 관계는 0.01장 = 0.1척 = 1촌 = 10분이다.[21]

8척 규표로 잰 동지와 하지의 그림자 길이를 통해 태양의 고도를 계산하면 각각 31.945° 와 78.966° 가 된다. 이를 아래의 식을 통해 위도(ϕ)를 계산할 수 있다.

$$\phi = 91.3109 - \frac{\alpha - \beta}{2} \quad (\text{象限}: 91.3109\text{도})$$

이때, α=31.945이고, β=78.966이면, ϕ=35.86° 가 된다.

원래의 지중은 하지에 8척 규표를 세워 그 그림자가 토규의 길이인 1척 5촌과 정확히 일치하는 곳을 가리키는 말이었다.[22] 그러나 시대에 따라 지역이 변화되었는데, 중수대명력의 지중구영상수는 북송(北宋)의 기원력(紀元曆)에서는 악대구영상수(岳臺晷影常數)로 명명되어 있으나 값은 동일하다. 『제가역상집』에 따르면 『주례(周禮)』「대사도(大司徒)」에서 이르기를, 한(漢)나라 때의 지중은 양성(陽城)이었으나 남송(南宋) 대에는 악대(岳臺)를 지중으로 삼았는데, 악대는 준의(浚儀)에 있으며, 개봉부(開封府)에 속한다.[23]

5) 혼명분(昏明分)

혼명분은 130분 75초이다. 현대 천문학적인 의미는 박명으로 일출 전과 일몰 후 지구의 대기로 인해 태양의 빛이 산란되어 일어나는 현상이다.[24] 오늘날에는 시민(civil twilight), 항해(nautical twilight), 천문(astronomical twilight) 박명 시각으로 나누어지며 각각 태양의 중심이 지평선 아래 6도, 12도, 18도에 이르는 시각으로 정의하고 있다.[25] 칠정산내편의 혼명분은 250분 또는 2.5각으로 중수대명력 값으로 환산하면 동일하며, 현대 시각으로 약 36분에 해당한다.

$$2.5각(刻) = \frac{혼명분}{일법} \times \frac{100각(刻)}{1일(日)}$$

6) 각법(刻法)

각법은 1각을 나타내는 분(分)의 값으로 313분 80초이다.

7) 혼명각(昏明刻)

혼명각은 혼명분을 각 단위로 나타낸 값으로 2각 156분 90초이다.

8) 주법(周法)

주법은 1428이다. 그 날의 신(晨)에서 오중(吾中)까지 시간으로 나타낸 구간을 하늘의 일주운동의 각도로 환산하기 위한 상수이다.

9) 내외법(内外法)

내외법은 일출분으로부터 태양과 북극 사이의 각거리, 즉 황도거극도(黃道去極度)를 계산하기 위한 값으로 10896이다.

10) 반법(半法)

반법은 일법의 1/2에 해당하는 값으로 2615분이다.

$$반법 = 일법 \times \frac{1}{2}$$

11) 일법사분지삼(日法四分之三)

일법의 3/4에 해당하는 값이다. 3922분 반(半)으로 기록되어 있는데, 시각 계산에서는 초모가 100이므로 반은 50초에 해당한다.

$$반법 = 일법 \times \frac{3}{4}$$

12) 일법사분지일(日法四分之一)

일법의 1/3에 해당하는 값으로 1307분 50초이다.

$$반법 = 일법 \times \frac{1}{3}$$

13) 초모(秒母)

시간의 단위로 나타낼 때 사용하는 초모로 상수는 100이다. 즉 100초가 되면 1분이 된다.

2. 일출입 시각 추산

중수대명력에서는 일월식 계산을 위해서 3장의 역일과 24기 계산(氣朔) 그리고 앞의 태양(日躔)과 달(月離)의 운동에 대한 계산 결괏값과 더불어 일출입 시각(晷漏)이 필요하다. 중수대명력의 〈보구루(步晷漏)〉 편에는 24기(氣)마다 일출 시각이 입성으로 주어져 있다. 이를 활용하여 어떤 지역의 일출입 시각을 계산하거나 일식 계산에서 기차정수(氣差定數)를 계산하기 위해서 활용된다.

또한 일식의 지하식(地下食)이나 대식(帶食) 또는 대생광(帶生光)인지의 판단을 위해서도 필요하였다. 반면, 칠정산외편에서 일출입 시각 계산의 주목적은 지하식 여부를 판단하기 위해서이다. 대식은 일식의 시작 시각인 초휴(初虧)와 식이 최대가 되는 식심(食甚) 사이의 단계가 일출입 시각과 동시에 일어날 때를 말하며, 대생광[26]은 개기식이 일어날 경우 생광을 볼 수 있는데, 식심에서 식이 끝나는 복원(復圓) 이하까지의 단계가 일입 시각과 동시에 일어나는 경우로[27] 해당 지역의 일출입 시각 계산이 요구된다. 조선시대에는 일월식이 일어나면 구식례을 진행하였는데, 대식이나 대생광은 일출입 시각 무렵에 일어나기 때문에 태양의 고도가 낮아 평지에서는 자세히 관측하기 어렵다. 이로 인해 기록에 의하면 산에서 관측을 하게 하여 식(食)의 시작이나 끝을 알리게 하였다.[28]

칠정산내편의 일출입 시각은 한양을 기준으로 계산한 값이다. 그러나 칠정산외편에 수록된 입성의 일출입 시각은 한양이 아닌 남경(32.03°N)을 기준으로 계산한 값으로 알려져 있다.[29] 중수대명력은 조선에서 삼편법 중 하나로서 일식 계산에서 사용되었으므로, 중수대명력에 수록된 일출입 입성 시각의 기준 위치에 대해 분석할 필요가 있다. 일출입 시각은 위도와 경도 그리고 지표면으로부터의 고도 등 지역적 특성에 따라 달라진다. 그러므로 일출입 시각을 계산하여 중수대명력의 계산 기준 위도를 알 수 있다.

이 절에서는 가령에 따라 매일의 일출입 시각의 계산방법을 분석하고 현대계산과 비교하여 중수대명력의 계산 기준 위도를 살펴본다.

1) 이십사기척강급일출분(二十四氣陟降及日出分) 입성

〈표 4-7〉 이십사기척강급일출분(二十四氣陟降及日出分) 입성

恒氣	增損差		加減差	陟降率	初末率		日出分
	初	末			初率	末率	
i	A^I(分)	A^F(分)	B(分)	ΣC^I(分)	C^I(分)	C^F(分)	T^R(分)
1	+0.0926	+0.0796	−0.0010	10.40	0.0550	1.2604	1567.92
2	+0.0789	+0.0659	−0.0010	28.73	1.3600	2.3736	1557.52
3	+0.0652	+0.0522	−0.0010	43.56	2.4300	3.2518	1528.79
4	+0.0518	+0.0388	−0.0010	55.19	3.2900	3.9242	1485.23
5	+0.0382	+0.0252	−0.0010	63.90	3.9550	4.3988	1430.04
6	+0.0248	+0.0138	−0.0010	69.18	4.4400	4.6716	1366.14
7	−0.0136	−0.0240	+0.0008	64.69	4.3700	4.1068	1296.96
8	−0.0250	−0.0354	+0.0008	59.09	4.0850	3.6622	1232.27
9	−0.0365	−0.0469	+0.0008	50.84	3.6200	3.0362	1173.18
10	−0.0480	−0.0584	+0.0008	39.86	2.9850	2.2402	1122.34
11	−0.0598	−0.0702	+0.0008	26.06	2.1600*	1.2500	1082.48
12	−0.0719	−0.0823	+0.0008	09.35	1.1500	0.0706	1056.42
13	+0.0837	+0.0733*	−0.0008	09.35	0.0450	1.1440	1047.07
14	+0.0720	+0.0616	−0.0008	26.06	1.2300	2.1652	1056.42
15	+0.0600	+0.0496	−0.0008	39.86	2.2250	2.9922	1082.48
16	+0.0480	+0.0376	−0.0008	50.84	3.0300	3.6292	1122.34
17	+0.0360	+0.0256	−0.0008	59.09	3.6550	4.0862	1173.18
18	+0.0240	+0.0136	−0.0008	64.69	4.1050	4.3682	1232.27
19	−0.0160	−0.0260	+0.0010	69.18	4.6800	4.4490	1296.96

恒氣	增損差		加減差	陟降率	初末率		日出分
	初	末			初率	末率	
i	A^I(分)	A^F(分)	B(分)	ΣC^I(分)	C^I(分)	C^F(分)	T^R(分)
20	−0.0262	−0.0392	+0.0010	63.90	4.4200	3.9622	1366.14
21	−0.0398	−0.0528	+0.0010	55.19	3.9400	3.2918	1430.04
22	−0.0532	−0.0662	+0.0010	43.56	3.2700	2.4342	1485.23
23	−0.0666	−0.0796	+0.0010	28.73	2.3950	1.3716	1528.79
24	−0.0802	−0.0932	+0.0010	10.40	1.2850	0.0712	1557.52

매일의 일출입 시각은 〈이십사기척강급일출분(二十四氣陟降及日出分)〉의 입성을 활용하여 계산한다. 〈표 4-7〉에는 24기(氣)일의 일출 시각이 기록되어 있는데 첫 번째 열의 i는 24기를 나타내며, 일곱 번째 열은 이때의 일출 시각이다. 첫 번째 열에서 i=1, 7, 13, 19는 이분이지(즉, 동지, 춘분, 하지, 추분)를 나타내며, 예로 i=7일 때의 일출분은 1296.96분이다. 두 번째 열부터 다섯 번째 열까지는 각각 증손차 초율(增損差初率, A^I)과 말율(末率, A^F), 가감차(加減差, B)이다. 그리고 C^I와 C^F의 값은 각각 척강초율(陟降初率)과 척강말율(陟降末率)이다. 이 값들은 각 항기(i) 이후 매일의 일출입 시각을 계산하기 위해 사용되는 값들로 〈일출입 시각 추산(步晷漏)〉에서 자세히 다룰 예정이다.

2) 매일 태양의 일출입분・신혼・반주분 계산(求每日日出入晨昏半晝分)

매일의 일출입 시각과 신혼분 그리고 반주분을 계산하는 방법으로 내용은 다음과 같다.

각각 그 기(氣)의 척강초율(陟降初率)을 가지고, 초일의 일출분에 척(陟)은 감하고 강(降)은 더하여, 1일 이하의 단위는 일출분이 된다. 증손차(增損差)에 〈가감차(加減差)를 더하거나 뺀 값을〉 척강율에 증손하여 이 값을 이전의 일출분에 가감하면, 매일의 일출분이 된다. 일법에서 일출분을 감하여 남는 것은 일입분이 된다. 일입분에서 일출분을 감한 것의 반은 반주분(半晝分)이 된다. 일출분에서 혼명분(昏明分)을 감한 것은 신분(晨分)이 되고, 일입분에 더한 것은 혼분(昏分)이 된다.

각각의 i번째 항기로부터 n번째 날의 일출 시각, $t^R_i(n)$를 구하는 것으로서, n〈15일 때와, n=15인 마지막 날의 일출입 시각의 계산은 다음과 같다. 마지막 날(즉, n=15)의 일출 시각은 별도로 척강말율(C^F_i)의 값을 사용하여 계산한다.

$$t_i^R(n) = T_i^R + \sum_{j=1}^{n} C_i^I + \sum_{j=1}^{n-1}\sum_{k=1}^{j} A_i^I + \sum_{j=1}^{n-1}\sum_{k=1}^{j}\sum_{l=1}^{k} B_i \qquad (n < 15) \quad \text{(34-a)}$$

$$t_i^R(15) = t_i^R(14) + C_i^F \qquad (n = 15) \quad \text{(34-b)}$$

일출 시각은 식 (34-a)와 같이 초기값, t^R_i에 척강초율을 누적하여 더해서 계산하지만, 이 식을 정리하면 식 (35)와 같은 삼차방정식(cubic equation)으로 주어진다. 삼차방정식은 수시력에서 처음 사용되었다고 알려져 있으나,[30] 실제 중수대명력의 일출입 시각 계산에서도 사용되었음을 알 수 있다.[31]

$$t_i^R(n) = T_i^R + nC_i^I + \frac{n(n-1)}{2}A_i^I + \frac{n(n-1)(n+1)}{6}B_i \qquad (35)$$

이 수식으로부터 〈이십사기척강급일출분(二十四氣陟降及日出分)〉 입성의 A^I, B, C^I 그리고 T^R의 값은 매일의 일출 시간을 계산하기 위한 삼차함수의 계수(coefficient)임을 알 수 있다.

3) 춘분과 추분 전후의 척강율(二分前後陟降率)

태양 적위(declination)의 변화량은 동지와 하지 부근에서는 완만하고, 춘분과 추분 근처에서 변화가 크다. 그러므로 중수대명력에서는 춘분 전 3일과 추분 후 3일의 일출입 시각(그림 4-12 참조)은 앞서 구한 방법과는 달리 입성의 척강초율, C^I이나 척강말율, C^F의 값을 사용하지 않고 별도의 값을 사용한다.

> 춘분 전 3일에는 태양이 적도 안에 있고, 추분 후 3일에는 태양이 적도 바깥쪽으로 나간다. 그러므로 척강(陟降)이 다른 날과는 같지 않아 각각 별도로 다른 수를 사용한다. 경칩에는 12일 척 4분 6716이 말율(末率)이 되고, 여기에서 끝난다. 〈감차 역시 여기에서 끝난다.〉 13일은 척 4도 41분 6초, 14일은 척 4도 36분 90초, 15일은 척 4도 1분이다. 추분의 초일은 강 4도 38분이고, 1일은 강 4도 39분, 2일은 강 4도 57분, 3일은 강 4도 68분이다. 이것을 초율(初率)로서 사용을 시작한다. 〈가차 역시 여기에서 시작한다.〉

그러므로 식 (35)와 같은 방법이 아닌 n=15일 때와 같이 식 (36)을 사용하여 계산한다. 내용을 자세히 풀이하면 다음과 같다.

[춘분 전 3일]

춘분 전 3일은 절기상 경칩(i=6)에 해당하며, 따라서 경칩 후 13일(n=13)부터 15일(n=15)까지를 의미한다. 경칩 후, 13일부터 C^I 값은 입성 값이 아닌 매일 별도의 수인 $C^S_6(n)$을 사용한다. 13일은 -4.4106, 14일은 -4.3690, 15일은 -4.0100[32]의 값을 사용한다. 그러므로 보통 n=15일 때 C^F의 값을 사용하지만, 이들 경우에는 n=12일에 C^F의 값을 사용하고, B 값도 n=12까지만 사용한다.

$$t_6^R(n) = T_6^R + C_6^S(n) \qquad 13 \le n \le 15 \qquad (36)$$

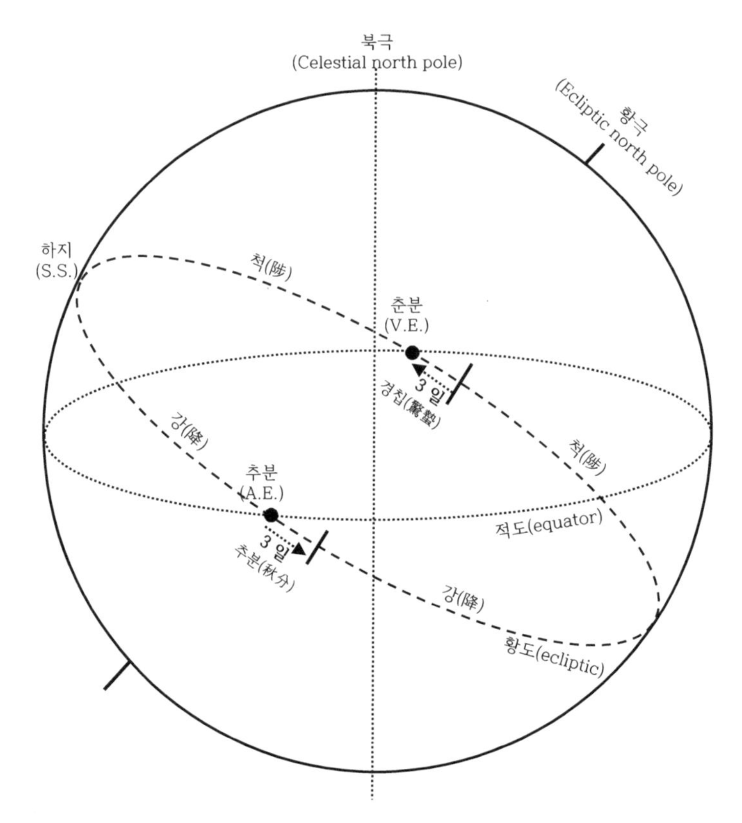

〈그림 4-12〉 이분전후 척강율: 태양의 적위(declination)는 춘분과 추분 근처에서 변화가 크다. 그러므로 중수대명력에서는 춘분 전 3일부터 춘분 전날까지 추분 후 추분부터 3일까지의 일출입 시각은 〈이십사기척강급일출분(二十四氣陟降及日出分)〉 입성의 척강초말율 값을 사용하지 않고 별도의 수를 사용하여 계산한다.

[추분 후 3일]

추분 후 3일은 절기상 추분(i=19)에 해당하며, 따라서 추분(n=0)부터 2일(n=2)까지를 의미한다. 추분 후 3일까지는 별도의 수, $C^{S}_{19}(n)$를 사용하여 일출분을 구한다. n=0일 때 +4.38000, 1일은 +4.3900, 2일은 +4.5700 값을 사용하여 식 (39)에 따라 계산한다. 이후, n=3일 때부터는 입성의 값을 사용하여 계산한다.

$$t^{R}_{19}(n) = T^{R}_{19} + C^{S}_{19}(n) \qquad 0 \le n \le 2 \qquad (37)$$

〈이십사기척강과일출분〉 입성에서 두 건의 오류가 있는데, A^F 값은 경칩과 추분을 제외하고 A^I에 B를 가감하여 n=14일 때의 값이다. 즉, 수식으로 나타내면 $A^I + 13 \times B$에 해당하므로 하짓날(i=13)의 A^F는 0.0723이 아닌 0.0733이다. 이 값은 중수대명력 원본인 금사 백납본(百衲本)과도 일치한다. 다음은 소만(i=11)의 C^I 값으로 예를 들어 백로(i=18)일 때 C^F(4.3682)의 값에서 백로기 이후 n=14일 때의 C^I_{14}, 4.3442를 감하면 0.0240이 되는데, 이 값은 A^I의 값과 같으며, 경칩과 추분, 그리고 소만을 제외한 모든 24기에서 동일하다. 경칩과 추분은 일출입 시각 계산에서 별도의 수를 사용하므로 제외하면, 소만의 경우는 오류라고 할 수 있는데, 이에 따라 2.2600이 아닌 2.1600이다. 만약 C^I가 2.2600이라면 그 무렵 C^I와 C^F가 감소하는 경향과도 맞지 않다. 그러므로 i=11일 때 C^I는 2.1600이 된다.

$$C^I = \sum_{j=1}^{n} C^I_i + \sum_{j=1}^{n-1}\sum_{k=1}^{j} A^I_i + \sum_{j=1}^{n-1}\sum_{k=1}^{j}\sum_{l=1}^{k} B_i \qquad (38)$$

식 (38)은 매일의 초말율을 계산하는 방법으로 백로(i=18) 이후 14일(n=14)과 15일(n=15)의 초말율 값 $C^I_{18}(14)$와 $C^I_{18}(15)$는 각각 4.3442와 4.3570이다. 그러나 입성에 기록된 C^F의 $C^I_{18}(15)$는 계산 값과 다른 4.3682이다. 즉, 위에서 언급했듯이, n〈15일 때는 식 (35)에 따라 매일의 일출분을 계산하고, n=15일 때는 C^F의 값을 사용한다. 그리고 입성에 수록된 15일의 값과 식 (38)에 의해 계산한 14일의 초말율 차이는 0.0240으로 증손차의 초기값과 일치함을 알 수 있다. 그러므로 이와 같은 방법으로 계산한 소만의 C^I는 2.1600을 2.2600으로 잘못 쓴 것으로 보인다. 또한, 2.2600 값은 입하(i=12)일 때의 C^F 값보다 커지게 되므로 이 시기의 감소하는 경향과도 맞지 않다. 두 가지의 오류는 〈이십사기척강급일출분〉 입성에 "*"로 별도로 표기하였다. 앞에 언급한 두 가지 값의 오류는 『金史』에서도 조선본과 동일하게 잘못되어 있다. 그러므로 해당 연구에서는 수정한 값으로 사용하였다.

반면, 일입분, $t^S_i(n)$를 구하는 방법은 하루의 길이인 일법(5230분)에서 일출분을 감하면 된다. 즉, $t^S_i(n)$는 $5230-t^R_i(n)$으로 계산하며, 따라서 일출분과 일입분은 정오를 중심으로 대칭이 된다. 다만 가령에 의하면 최종적으로 일입분 계산 시에는 일출분의 초 이하의 단위는 생략한다.

가령에 따라 백로 후 12일의 일출입분을 계산하면 다음과 같다. 식 (19)에 의해 정묘년 8월 삭일은 백로(i=18) 후 12일 0447분 60초이므로 n=12가 된다. 그러므로 $t^R_{18}(12)$와 $t^S_{18}(12)$는 〈이십사기척강급일출분〉 입성에서, T^S_{18}=1232.27, A^I_{18}=0.0240, B_{18}=-0.0008, C_{18}=4.1050이므로 각각 $t^R_{18}(12)$=1282.8852분, $t^S_{18}(12)$=3947.1148분이 된다.

일출분과 일입분 사이의 길이는 낮의 길이, 주분(晝分, d^l)이라고 하고 이것의 절반은 반주분(半晝分, hdl)이 된다.

$$d^l = t^S_i(n) - t^R_i(n) \qquad (39)$$

$$hd^l = [t^S_i(n) - t^R_i(n)]/2 \qquad (40)$$

가령에 따르면, 백로 후 12일째의 반주분의 계산 값은 1132.1148분이나, 가령에서는 반올림한 값인 1332.12분으로 되어 있다. 그러나 일식 계산의 기차정수 계산에 반주분 값은 앞에서와 다르게 버림 한 값인 1332.11분을 사용한다.

가령에 따라 8월 경망일의 추분 후 11일의 일출입분을 계산하면 다음과 같다. 정묘년 8월 망일의 입기일은 추분(i=19) 후 11일 3307분 50초이므로 n=11이 된다. 그러므로 $t^{R}_{19}(11)$와 $t^{S}_{19}(11)$은 〈이십사기척강급일출분〉 입성에서, T^{S}_{19}=1296.96이고, 이는 추분기 초일의 일출분이다. 그리고 A^{I}_{19}=-0.0160, B_{19}=+0.0010, C_{19}=4.6800이므로 각각 $t^{R}_{19}(11)$=1357.34분, $t^{S}_{19}(11)$=3882.66분이 된다. 그리고 식 (42)에 의해 반주분 hd^{I}=1267.66이 된다.

중수대명력의 혼명분은 130분 75초로 현재의 시간으로 약 36분 정도가 된다. 일출분에서 혼명분(昏明分)을 감하면 신분(晨分, $t^{D}_{i}(n)$)이 되고, 일입분에서 혼명분을 더하면 혼분(昏分, $t^{T}_{i}(n)$)이 된다.

$$t^{D}_{i}(n) = t^{R}_{i}(n) - 130.75 \qquad (41\text{-a})$$

$$t^{T}_{i}(n) = t^{S}_{i}(n) + 130.75 \qquad (41\text{-b})$$

위의 식에 따라 8월 경망의 신분과 혼분은 각각 $t^{D}_{19}(11)$=1216.59와 $t^{T}_{19}(11)$=4013.41이 된다. 여기서 계산된 신혼분은 경점법(更點法)으로 나타나는 밤 시간을 구하는 데에 사용한다. 〈그림 4-13〉은 중수대명력의 시각제도에서 일출입분, 혼명분, 주야분을 나타낸 것이다.

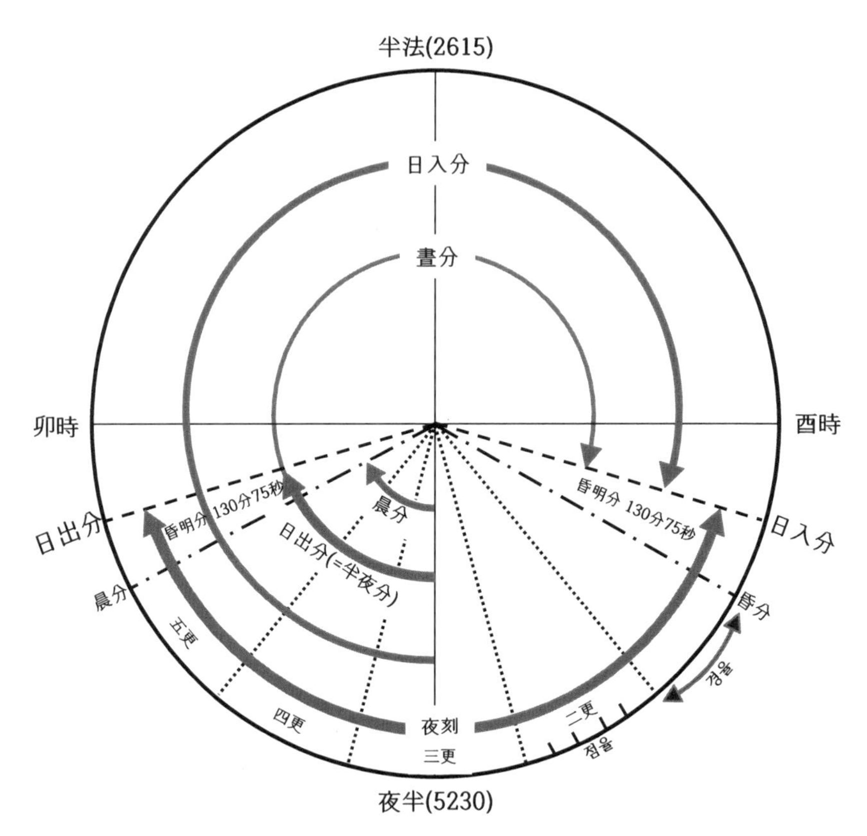

〈그림 4-13〉 중수대명력의 일출입분과 혼명분: 하루의 길이인 일법은 5230분으로 이의 절반에 해당하는 반법은 2615분이다. 일입분부터 일출분 사이의 길이는 밤의 시간인 야분(夜分)이고 반야분은 일출분과 같다. 또한, 일출분에서 혼명분을 빼면 신분이 되고, 일입분에서 혼명분을 더하면 혼분이 된다.

4) 일출입의 시각 계산(求日出入辰刻)

일출분을 일(日) 단위 이하 소여(小餘)를 12시진(時辰), 각(刻), 분(分) 단위로 바꾸는 것을 발렴(發斂)이라고 한다.

일출입분을 두고 6을 곱하여 진법(辰法)이 넘으면 나누어서 진수(辰數)가 된다. 다 차지 않는 것은, 각법(刻法)으로 나누고, 각수(刻數)가 된다. 차지 않는 것은 분이 되고, 자정(子正)으로부터 계산해 나가면, 구하고자 하는 것을 얻는다. 〈만약 계산에서

진법이 아닌 반진법(半辰法)으로 계산할 때는 자초(子初)부터 세어 나간다.〉

원래 중수대명력에서 발렴의 방법은 중수대명력 2장의 괘후추보(步卦候) 〈구발렴(求發斂)〉에 실려 있는데, 일출분을 발렴을 통해 12시진(時辰)으로 변환하기 위해서 4장의 보구루에도 같은 내용이 실려 있다. 계산방법은, 소여(小餘)에 해당하는 일출분(또는 일입분)에 6을 곱하여 진법(辰法, 2615)을 넘는 경우 진법으로 나누는 것이 진수(辰數, D^S)가 된다. 중수대명력에서의 1시진은 2615분이기 때문에 진수로 나누어서 정수부분(D^S)은 12시진이 되고 남는 수(B)는 2615분보다 작은 수가 되며, 12시진 이하 각분이 된다. 다음으로 각(刻) 단위의 계산방법은 각법(刻法)을 사용하는데, B를 각법(刻法, 313.80)으로 나누면 각수(刻數, D^K)가 되고, 나머지(C)는 분(分)이 된다.

12시진으로 표현하기 위해서 D^S를 자정(子正=0)으로부터 세어나간다. 그러나 진법으로 나누었으므로 12시진은 매시의 "정(正)"으로 계산한다. 앞에서 만약 B〉1307.5가 되면, B=B-1307.5가 되고, D^S=D^S+1이 된다. 그러나 B에서 2615분(1시진)이 아닌 1307.5분(반시진)을 감한 것으로 D^S는 반시진을 더한다. 그러므로 다음의 "정(正)"이 아닌 "초(初)"가 된다. 발렴의 계산방법은 다음과 같다.

$$D^S = INT[(t^R_i(n) \times 6) / 2615] \qquad (42\text{-}a)$$

$$B = MOD(t^R_i(n) \times 6, 2615) \quad B < 1307.5$$

$$D^K = INT(B/313.80) \qquad (42\text{-}b)$$

$$C = MOD(B, 313.80) \qquad (42\text{-}c)$$

가령에 따라 일출분을 계산하면, $t^R_{18}(12)=1282.88$분이므로, $D^S=2$, $B=2467.28$이 되는데, $B>1307.5$이기 때문에, D^S+1이 되어서 $D^S=3$이 되고, $B=1159.78$이 된다. 그리고 $D^K=3$, $C=218.38$이 된다. 이를 12시진으로 표현하면, $D^S=2$이므로 자정을 "0"으로 하여 차례대로 계산하면 인정(寅正)이 되지만, D^S+1이 되었으므로, 반시진이 더해져서 묘정(卯正)이 아닌 묘초(卯初)가 된다. 그리고 $D^K=3$이므로 3각(刻)이 되고, $C=218.442$이므로 218.4112분이 된다. 이와 같은 방법으로 일입분, $t^S_{18}(12)=3947.1148$분을 계산하면, $D^S=9$, $D^K=0$, $C=147.72$가 되고, 12시진으로 표현하면, 유정(酉正) 초각(初刻) 147.72분이 된다. 중수대명력 가령에서 일출입 시각을 계산할 시에 주의할 점은 초(秒) 단위 미만은 생략하고 계산한다. 그러므로 $t^R_{18}(12)$일 때 일출분의 실제 계산 값은 1282분 88초 52이지만 가령에서는 1282분 88초까지만 활용한다.

5) 중수대명력 일출입 시각 계산의 기준 위치와 현대 계산 비교

중수대명력에는 24기(氣)마다의 일출 시각이 입성으로 기록되어 있으나 어느 지역을 기준으로 계산 또는 관측되었는지 명시되어 있지 않다. 앞서 언급했듯이, 조선에서 사용한 삼편법 중 칠정산내편에 수록된 일출입 시각은 한양(37°37′N)을 기준으로 계산한 것으로 명시되어 있으며, 칠정산외편의 입성에 수록된 일출입 시각은 남경(32.03°N)으로 알려져 있다. 그러므로 이 절에서는 중수대명력 일출입 시각의 계산 기준 위치에 대해 분석하였다. 일출입 시각은 관측자의 위도에 따라 달라지므로 추정한 다양한 지역에 대해 중수대명력의 방법에 따라 계산한 일출분 값을 현대 방법으로 계산 결과와 비교하면 역법 계산의 기준 위도를 추정할 수 있다. 아래 〈표 4-8〉은 이 논문에서 가정한 여러 지역 수도의 위도를 요약한 것이다.

〈표 4-8〉 지역(수도)의 위도와 당시 왕조

지역 (수도)	경도 (Longitude)	위도 (Latitude)	국가
하얼빈(哈爾濱, 상경회령부)	126°57′ E	45°32′ N	금(金, 1115-1153)
북경(北京, 중도대흥부)	116°25′ E	40°15′ N	금(1153-1214)
남경 개봉(開封)	114°18′ E	34°19′ N	북송(北宋, 960-1127) & 금(1214-1232)
서울(漢陽, 한양)	126°59′ E	37°37′ N	조선(朝鮮, 1392-1910)

하얼빈과 북경은 각각 금(金)의 초기와 후기의 수도였으며, 특히 북경은 중수대명력이 편찬될 때 금(金)의 수도였다. 개봉의 경우는 금나라와 북송의 수도였는데, 1214년 몽골의 공격으로 금은 중도대흥부(북경)에서 남경 개봉으로 수도를 옮겼다. 그리고 중수대명력 서문에 양급의 대명력은 북송의 기원력(紀元曆)을 바탕으로 만들어졌다고 기록되어 있는데, 이때 북송의 수도는 개봉이었다. 또한, 『제가역상집(諸家曆象集)』「원조명신사략(元朝名臣事略)」 편에는 대명력의 일출입(日出入)과 주야각(晝夜刻)은 변경(汴京), 즉 개봉을 기준으로 삼았다는 기록이 있다.[33] 마지막으로 중수대명력은 조선에서 일월식 계산을 하기 위해 사용되었으므로 서울(한양)도 고려하였다.

일출입 시각을 현대 계산과 비교할 때 고려해야 하는 몇 가지 기준이 있다. 먼저, 현대에는 일출입 시각을 태양의 가장 윗부분이 지평선에 나타나고 사라지는 시각으로 정의하고 있다.[34] 즉, 태양의 반지름 16′과 대기굴절에 의한 34′을 고려하여 태양의 천정거리($Z_{\odot}$)가 90°50′인 시각으로 정의하고 있다.[35] 그러나 중수대명력을 포함한 중국 전통역법에서는 일출입 시각을 태양의 중심이 지평선에 있을 때로 정의하였다.[36] 즉, $Z_{\odot}=90°$일 때의 시각으로 지구대기 굴절이 고려되지 않는다. 또한, 현대에는 평균태양시(mean solar time, MST)를 사용하기 때문에 비교를 위해서는 식 (12)에 의해서 시태양시(apparent solar time, AST)로 변환하여야 한다.

그러나 이 책에서는 일출입 시각이 아닌 낮의 길이(daytime length)를 비교하였다. 그 이유는 이 경우 평균태양시를 시태양시로 변환하는 과정이 필요 없으며 또는 △T의 값을 고려하지 않아도 되기 때문이다. 〈그림 4-14〉는 중수대명력의 방법에 따라 계산한 매일 낮의 길이와 〈표 4-8〉의 위도에서 현대방법으로 각각 계산한 낮의 길이와 비교한 결과이다. 가로축은 1170년 동지(12월 15.04일 TT, Julian calendar)부터 1년간의 일수이다. 세로축은 중수대명력을 포함한 각 지역에서의 매일 낮의 길이를 나타낸 것이다. 그림에서 가장 윗줄부터 차례대로 하얼빈(Harbin), 북경(Beijing), 서울(Seoul), 중수대명력 값 그리고 개봉(Kaifeng)에서의 낮의 길이를 나타낸 것으로 일출입시각의 기준위치를 개봉으로 가정했을 경우 중수대명력의 값과 가장 잘 일치함을 알 수 있다. 또한, 중수대명력과 현대 계산의 낮의 길이에 따른 MAD 값은 하얼빈, 북경, 개봉 그리고 서울에서 각각 0.635, 0.259, 0.092, 0.101(min)이다. 이 결과는 중수대명력 서문에 양급이 기원력을 바탕으로 대명력이 만들어졌다는 기록과 관련이 있어 보인다. 이는 조지미가 양급의 대명력을 중수할 시기의 금의 수도는 북경이지만, 일출입 시각은 기원력의 개봉값을 그대로 사용하였다는 것을 알 수 있다.

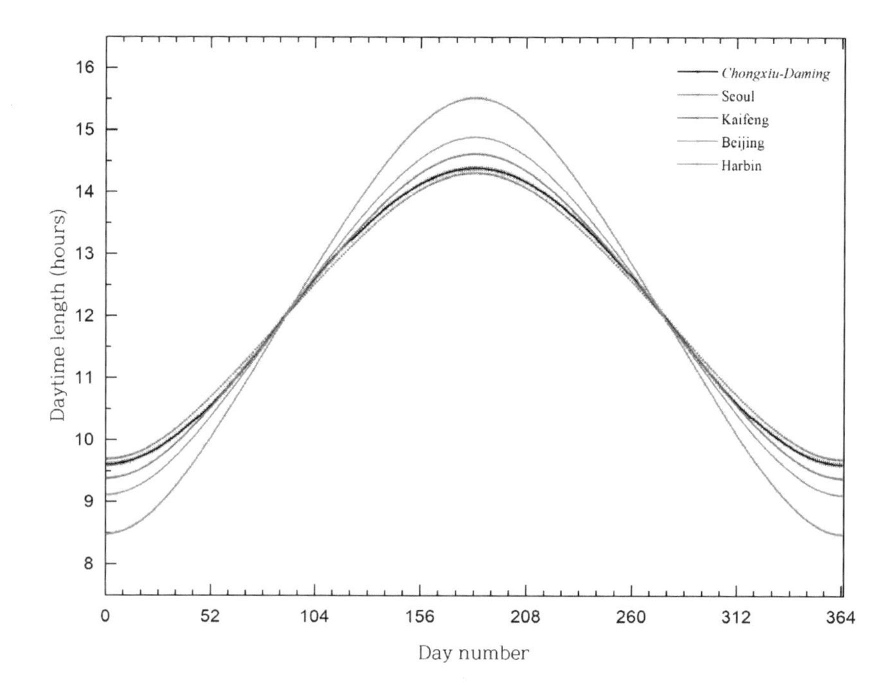

〈그림 4-14〉 중수대명력과의 낮의 길이 비교: 중수대명력의 방법에 따라 계산한 매일 낮의 길이와 각각의 위도에서 계산한 낮의 길이의 결과 그래프이다. 가장 아랫부분의 실선은 개봉의 위치를 나타내며, 바로 위 실선은 중수대명력에 기록된 낮의 길이를 나타낸 것이다. 즉, 일출입시각의 기준위치를 개봉으로 가정했을 경우 중수대명력의 값과 가장 잘 일치함을 알 수 있다.

...

보교회(步交會)

1. 천문상수

교종일(交終日)	27일 2122분 24초
교종분(交終分)	14,2319분 9368초
교중일(交中日)	13일 3169분 9684초
교삭일(交朔日)	2일 1665분 0632초
교망일(交望日)	14일 4002분 5000초
초모(秒母)	10,000
교종(交終)	363도 79분 36초
교중(交中)	181도 89분 68초
교상(交象)	90도 94분 84초
반교상(半交象)	45도 47분 42초
일식기전한(日蝕既前限)	2400
일식기전한(日蝕既前限)	정법(定法): 248
일식기후한(日蝕既後限)	3100
일식기후한(日蝕既後限)	정법: 320
월식한(月蝕限)	5100
월식기한(月蝕既限)	1700
월식기한(月蝕既限)	정법: 340
분초모(分秒母)	100

1) 교종일(交終日)

교종일은 황백교점으로부터 다음 교점까지의 길이에 해당하며 27일 1109분 9368초이다. 칠정산내편에서는 27일 2122분 24초이며, 현대는 교점월(nodal month)로 27.212220일이다.[37] 중수대명력에서는 강교점(ascending node)이 교종일의 기준점이다.

2) 교종분(交終分)

교종분은 교종일을 분 단위로 나타낸 것으로 14,2319분 9368초이다.

$$\text{교종분} = \text{교종일} \times \text{일법}$$

3) 교중일(交中日)

교중일은 교종일의 1/2에 해당하는 값으로 13일 3169분 9684초이다.

$$\text{교중일} = \text{교종일} \times \frac{1}{2}$$

4) 교삭일(交朔日)

교삭일은 삭책과 교점월인 교종일의 차이로 2일 1665분 0632초이다. 경삭입교범일에 교삭을 더하면 다음 경삭의 입교범일을 구할 수 있다.

$$\text{교삭일} = \text{삭책} - \text{교종일}$$

5) 교망일(交望日)

교망일은 14일 4002분 5000초이며, 경삭입교범일에 교망을 더하면 경망입교범일을 구할 수 있다. 일식과 마찬가지로 월식 또한 황백교점 근처에서 일어나므로 교점으로부터의 거리를 계산한다.

$$경망입교범일 = 경삭입교범일 \times 교망일$$

6) 초모(秒母)

교점일과 관련된 계산을 할 때 필요한 상수로 초모는 10,000이다. 즉 10,000초가 넘으면 1분이 된다.

7) 교종(交終)

교종은 1교점월 동안 평균 달이 천구상을 운행하는 각도를 나타낸 것이다. 교종일에 월평행도를 곱한 값에 해당하며 363도 79분 36초이다.

$$교종 = 교종일 \times 월평행도\ [度/日]$$

8) 교중(交中)

교중은 교종의 1/2에 해당하는 값으로 181도 89분 68초이다.

$$교중 = 교종 \times \frac{1}{2}$$

9) 교상(交象)

교상은 교종의 1/4에 해당하는 값으로 90도 94분 84초이다.

$$교중 = 교종 \times \frac{1}{4}$$

10) 반교상(半交象)

반교상은 교상의 1/2에 해당하는 값으로 45도 47분 42초이다.

$$반교상 = 교상 \times \frac{1}{2}$$

11) 일식기전한(日蝕既前限)

일식기전한의 상수는 2400, 정법(定法)은 248이다. 식분(食分, magnitude)을 계산하기 위해 사용되는 값으로 식분은 정삭(定朔)과 교점이 일치할 때는 최대 10분이다. 기(既)는 개기식을 의미하는데, 0≤거교전(후)정분≤2400이면, 일식기전한이다. 정법은 식분의 계산에서 0에서 10분까지 만들기 위한 상수로서 2400을 정법으로 나누면 9.68로 최대 식분인 10분에 가까운 값이 된다.

12) 일식기후한(日蝕既後限)

일식기후한의 상수는 3100, 정법은 320으로 3100≤거교전(후)정분≤5500이면, 일식기후한이다. 그러므로 일식기전한 2400과 일식기후한 3100을 더하면 5500으로 교점(node)을 중심으로 각각의 최대식의 한계를 나타낸다. 또한 일식기후한 3100을 정법 320으로 나누면 9.6875가 되는데, 이는 일식의 최대 식분인 10분에 가까운 값이다.

13) 월식한(月蝕限)

월식한은 5100으로, 식분(食分, magnitude)을 계산하기 위해 사용되는 값이다. 식의 한계가 5100 이상이면, 식분은 0이다.

14) 월식기한(月蝕既限)

월식기한은 1700, 정법은 340으로, 거교전(후)정분이 0≤거교전(후)분≤1700이면, 개기월식이 일어나고, 1700≤거교전(후)분≤5100은 부분월식이다. 월식한 5100을 월식기한의 정법 340으로 나누면, 15가 되는데 월식의 최대식분을 의미한다.

15) 분초모(分秒母)

분모와 초모는 각각 100으로 각도로 표현된 교종과 관련된 계산에서 사용되는 값이다. 즉 100초는 1분이 되고, 100분은 1도가 된다.

2. 일월식 추산

일식은 태양과 지구 사이에 달에 놓인 삭일일 때 일어나는 현상으로 달은 태양과 합(conjunction)의 위치나 근처에 있어야 한다. 이때, 달은 황도에 대한 궤도의 경사(inclination) 때문에 달이 황백교점에 있거나 근처에 있을 때 일식이 일어난다. 달이 교점으로부터 떨어진 거리를 승교점이각(F, Moon's argument of latitude)이라고 하며,[38] 승교점에 있을 때가 F=0°가 되고, 강교점에 있을 때 F=180°가 된다.

월식은 달이 지구 그림자를 통과할 때 일어나는 현상으로 태양과 지구, 달의 순서로 배열될 때 일어난다. 이때 달의 위상은 보름이다. 월식은 일식과 달리 달이 보이는 곳에서는 지구상의 모든 지역에서 관측이 가능하다. 월식에는 3가지 종류가 있는데, 반영월식(penumbral eclipse), 부분월식(partial lunar eclipse), 개기월식(total lunar eclipse)이다. 반영월식은 달이 지구의 반영(penumbra)부분에 들어가는 월식으로 지구 그림자 중에서 희미한 부분을 통과하므로 대부분은 알아보기 어려울 수 있다. 부분월식은 달이 부분적으로 지구 본영(umbra)을 통과할 때이다. 그리고 개기월식은 달이 지구 본영에 완전히 들어가는 것이다.[39] 중수대명력에서는 반영에 관한 내용은 없다. 그러므로 부분월식과 개기월식만 계산하며, 개기월식의 경우에도 지구 반영에 들어가는 순간과 나오는 순간인 P1과 P4는 계산하지 않는다.

전통역법 계산에서 실제 일식이 일어날 것으로 판단되면, 일월식술자(日月食述者)와 수술관(修述官)이 다섯 달 전에 계산한 일월식 계산 결과들 중에서 초휴 · 식심 · 복원 시각(개기월식의 경우는 초휴 · 식기 · 식심 · 생광 · 복원), 일식소기, 일월출입대식소견분수 그리고 삭망식심수도분초는 임금에게 단자(單子)의 형태로 보고한다(〈그림 3-4〉와 〈그림 3-5〉에서 회색으로 칠해진 부분 참조).[40] 일월식이 일어난 후에는 임금에게 '일월식도형수본(日月食圖形手本)'을 바치는데, 그 양식은 『서운관지(書雲觀志)』의 〈번규(番規)〉 편에 나와 있다.

> 일월식이 있기 5개월 전에 술자(述者)가 식이 있을 날짜와 시각과 방위 그리고 식분을 적어 임금에게 보고하고, 예부(禮部) 자문(咨文)으로 일식을 증험한다. "몇 시에 일식했습니다.", "밤 몇 경에 월식했습니다."라고 하고 두 경우 모두 보인 대로 식의 형태를 그린다. 그림의 사방에는 동서남북이라고 쓰고 "남(南)" 자 아래에 "무슨 식 도형(圖形)"이라 쓴다.[41]

〈그림 4-15〉부터 〈그림 4-17〉에 수록된 일월식 그림은 페르디난트 페르비스트(Ferdinand Verbiest, 1623-1688)가 계산한 것으로 모두 Ludwig Maximilian University Library (LMU) of Munich 소장본이다. 페르비스트는 벨기에 출신 예수회선교사이며, 중국식 이름은 남회인(南懷仁)이다. 1672년에는 지리서인 『곤여도설(坤輿圖說)』을 저술했고, 1673년에는 시헌력의 종류인 『신법역서(新法曆書)』 등을 편찬한 인물이다. 〈그림 4-15〉는 강희 8년(1669) 4월 예정된 일식의 정보를 수록한 「강희팔년사월초일일계해삭일식도(康熙八年四月初一日癸亥朔日食圖)」이다. 일식도에는 일식 날짜, 식분, 초휴 · 식심 · 복원에 따른 시각과 방위, 총 소요되는 시간인 식한(食限)이 수록되어 있으며, 식심일 때 태양의 황도상의 위치와 이에 대응하는 28수(宿)상의 위치 등이 담겨 있다. 해당 일식도는 북경을 포함한 총 17개의 위치에 따른 일식의 초휴 시각과 식분이 계산되어 있다. 일월식 예보가 적힌 일식도는 북경으로부터 가장 멀리 떨어진 곳에도 전달되어야 했으므로 식이 일어나기 6개월 전에는 임금에게 보고되었다. 또한, 일월식이 일어나면 구식례를 지내야 했으므로 시작 시각이 매우 중요했다. 그러므로 북경을 제외한 다른 위치는 초휴 시각이 수록되어 있는 것으로 보인다. 한편, 가장 마지막에는 조선의 값도 수록되어 있는데, 조선에서의 초휴 시각은 신정초각7분(申正 初刻 七分)이고, 식분은 7분 8초(七分八秒)이다.

〈그림 4-16〉은 1686년 윤4월 16일의 부분월식 정보가 담겨 있는 페르비스트의 「강희이십오년윤사월십육일기사망월식도(康熙二十伍年閏四月十六日己巳望月食圖)」이다. 조선의 경우 월식 식분은 8분 52초이다. 해당 월식은 부분월식으로 초휴, 식심, 복원 단계만 있으며, 식심과 복원 사이에 월출입이 있어 대식(帶食)이 된다(같은 장 일월출입시 대식소견분수 계산 참고). 그러므로 월식도에 따르면 월출지평대식(月出地平帶食)은 2분 34초가 되며, 초휴 시각은

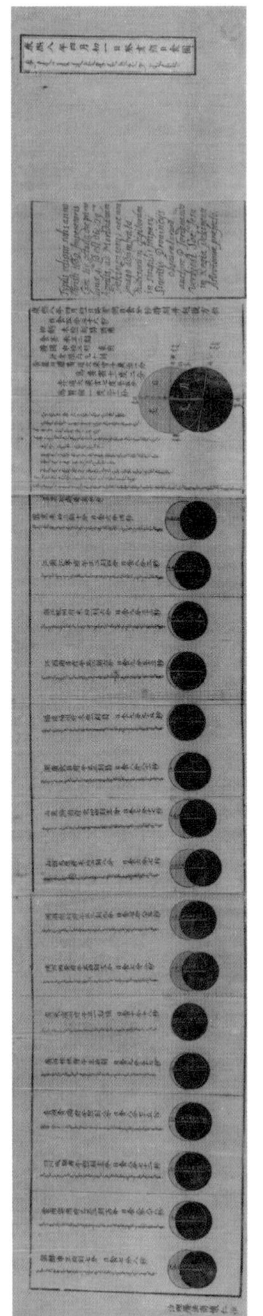

〈그림 4-15〉 1669년「康熙八年四月初一日癸亥朔日食圖」

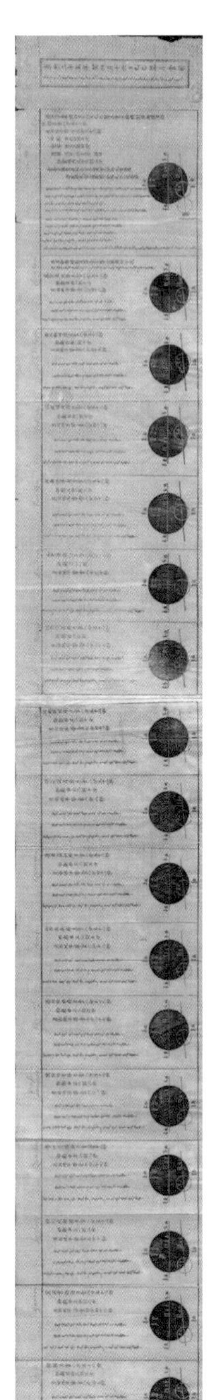

〈그림 4-16〉 1686년「康熙二十五年閏四月十六日己巳望月食圖」

〈그림 4-17〉 1671년「康熙十年二月十五日丁酉望月食圖」

유초 3각 5분이 수록되어 있다.

〈그림 4-17〉은 1671년 음력 2월 15일 개기월식을 그린 「康熙十年二月十伍日丁酉望月食圖」의 일부분이다. 가장 왼쪽에 기록된 조선의 경우 월식분은 16분 57초이며, 월출 전에 이미 식이 진행되고 있는 대식에 해당한다. 그러므로 월출지평대식분은 2분 34초가 되며, 초휴는 유초 3각 5분이다.

세종 5년(1423)부터 본격적으로 시작한 역법의 교정 결과로 세종 12년 관상감 취재시험에서는 수시력과 선명력의 일월식계산이 포함되었으며, 세종 25년(1443) 7월부터 중수대명력으로 일월식을 계산하기 시작하면서 삼편법의 일월식계산이 관상감 취재과목이 되었다. 삼편법의 목적은 세 가지 역법으로 일월식 시각을 계산함으로써 어느 한 역법이 가지는 계산의 부정확성을 보완하려고 했으며, 안영숙 & 이용삼(2014)에 따르면, 칠정산외편의 편찬 이후에는 일식 계산의 오류가 많이 줄었다.[42] 또한, 조선 초기의 기록은 칠정산외편의 값이 대체로 잘 맞지만, 선조 36년(1603)의 일식 때는 30분 이상의 차이 값이 보이는 것으로 알려져 있다.[43] 조선 전기에는 칠정산내편이 일월식 계산의 기준이었으며, 중종 12년(1517) 6월의 기사에 당시에는 칠정산내편의 계산 값이 잘 맞는다는 기록이 있다.[44]

이 장에서는 역일 계산부터 태양과 달의 운동 그리고 일출입 시각 계산의 결괏값을 활용하여 일월식 계산 과정을 서술하고자 한다.

1) 경삭 • 망의 입교일 계산(求朔望入交)

중수대명력에서는 오늘날의 승교점(昇交點, ascending node) 및 강교점(降交點, descending node)과는 반대이다. 강교점이 기준이며 정교(正交)라고 하고 승교점을 중교(中交)라고 한다. 그러므로 달이 강교점으로부터 경과한 시간을 입교범일(入交汎日)이라고 하는데, 삭망입교범일은 달이 황백교점을 지난 이후 삭 또는 망일 때 경과한 일수, 곧 교점 이후의 경삭과 경망까지의 일수를 구한다(그림 21 참조). 일월식은 태양과 달이 교점에 있거나 그 근처에 있어야 일어난다. 그러므로 삭망입교는 일월식이 있는 날의 태양과 달이 강교점으로부터 떨어진 거리를 일과 분의 단위로 계산하는 것이다.

> 천정삭적분에서 교종분(交終分)을 제하여 더 이상 제할 수 없으면 일법으로 나누어 일(日)이 되고 차지 않는 것은 여(餘)가 되어 천정 11월 경삭가시입교범일여초(經朔加時入交汎日及餘)가 된다. 교삭(交朔)을 더하여 차삭(次朔)을 구한다. 또는 교망(交望)을 더하여 차망을 얻고, 이에 다시 교망을 더하여 차삭을 얻는데, 각각 삭망입교범일여초(朔望入交汎日及餘秒)이다.

계산하는 방법을 풀이하면 다음과 같다. 천정삭적분(S^{mn})은 상원갑자로부터 천정경삭까지의 길이이다. 앞의 중수대명력 역원 설명에서 상원갑자는 교점이 일치하는 순간이 포함되어 있다. 그러므로 교종분으로 제한다. 천정삭적분에서 교종분(142319.9368분)으로 제하고 남는 것은 교종일(交終日)보다 작은 값으로 천정경삭 직전의 황백교점으로부터 거리이다. 이것을 일법으로 나누게 되면 일(日)과 분(分)의 단위로 변환되는데, 바로 천정 11월 경삭입교범일여초를 구할 수 있다(그림 4-18 참조). 식으로 나타내면 다음과 같다.

$$경삭입교범일여초(n,m) = \frac{MOD(S^{mn}, 142319.9368)}{5230} \quad (43)$$

다음에 오는 경삭입교는 삭책(29일 2775분)을 더한 후에 교종일(27일 1109분 9368초)을 감하여 계산하는 것이므로, 삭책과 교종일의 차이인 교삭일(2일 1665분 0632초)을 누적하여 더해 가면 다음의 경삭가시입교범일여초를 얻는다.

경삭입교범일에 교망일(14일 4002분 5000초)을 더하면 경망입교범일여초를 얻을 수 있고, 여기에 차삭을 더하면, 다음에 오는 차망(次望)을 얻을 수 있다.

가령에 따라 예를 들면 다음과 같다. 천정삭적분 S^{mn}=169,3221,0814,4585이므로 식 (43)에 의해 계산하면 천정 11월 경삭가시입교범일여초는 3일 1586분 5016초이다. 여기에 8월 경삭입교범일을 계산하기 위해서 교삭을 더해 가는데, 1447년은 윤달이 있기 때문에 교삭을 10번 누적하여 더하면 26일 2547분 1336초를 얻는다. 천정경삭가시입교범일여초에 교망을 더하면 17일 5588

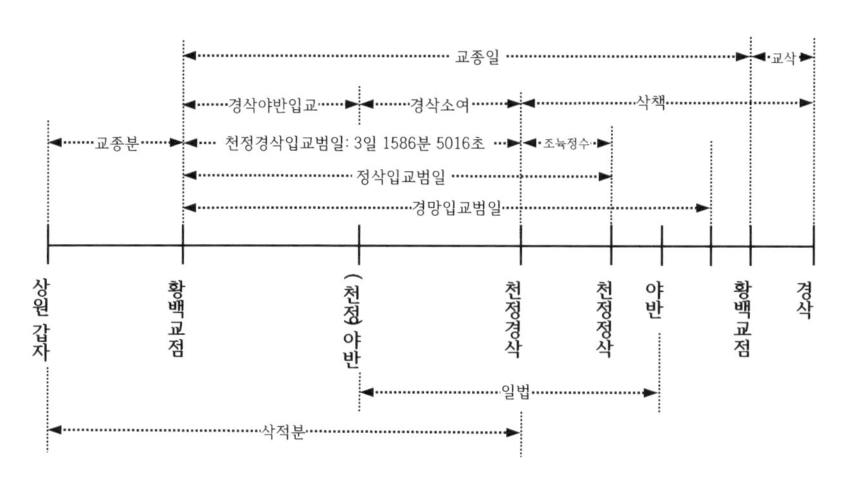

〈그림 4-18〉 정묘년(1447) 천정경삭입교범일: 일식과 월식은 교점 근처에서 일어나므로 교점(정교)으로부터 떨어진 거리인 입교범일을 계산한다. 즉, 삭적분에서 교종분을 빼면 천정경삭 직전의 황백교점으로부터의 거리인 천정경삭입교범일이 되고, 이에 교삭을 더하면 다음의 경삭입교범일이다.

분 10016초가 되는데, 보교회에서는 초모가 10000이므로 초 단위에서 10000이 차면 초모를 감하여 분(分)에 1을 더한다. 그러므로 이에 따라 계산하면 11월 천정경망가시입교범일여초는 18일 359분 0016초가 된다. 그리고 8월 경삭가시입교범일에 교망을 더하는데, 더한 값이 교종일 27일 1109분 9368초보다 크므로 교종을 제하면 8월 경망가시입교범일여초 14일 0209분 6968초를 얻는다.

2) 경삭・망의 입교상일과 입교정일 계산(求朔・望加時入交常日及定日)

경삭망입교범일을 입교정일로 계산하는 것은 경삭이 아닌 정삭 시간에 달이 황백교점(정교)과 떨어진 정삭망 시간을 추산하는 것으로 정삭망 시간에 달과 황백교점의 황경차(黃經差)를 추산하는 것이다.

> 경삭망입교범일에 입기조뉵정수를 조(朓)는 빼고 뉵(朒)은 더한 것이 입교상일(入交常日)이다. 또한, 입전조뉵정수에 한 자리를 나아가고 127로 나누어 얻은 것을 입교상일에 조는 빼고 뉵은 더한 것이 입교정일여초(入交定日及餘秒)이다.

입교상일은 경삭망입교범일에 태양의 부등운동 값을 보정하여 정교(강교점)부터 경삭까지 태양이 이동한 실제 각도를 구하는 것이다. 계산하는 방법은 경삭망입교범일에 입기조뉵정수, $t^{U}_{S,i}(n,m)$를 더하거나 빼는데, 조는 빼고 뉵은 더한다. 다음으로 입교정일은 태양의 부등운동이 보정된 입교상일에 달의 부등운동을 보정한 값으로 계산하는 방법은 다음과 같다. 입전조뉵정수, $t^{U}_{M}(n,m)$에 $\frac{10}{127}$[45]을 곱한 것을 입교상일에 더하거나 감하여 구한다. 즉,

$$입교상일 = 경삭입교범일 + t^{U}_{S,i}(n,m) \quad (44)$$

$$입교정일 = 입교상일 + t^{U}_{M}(n,m) \times \frac{10}{127} \quad (45)$$

이다. 예를 들어 가령에 따라 계산하면, 정묘년 8월 경삭가시입교범일은 26일 2547분 1336이다. 다음으로 입기조뉵정수는 $t^{U}_{S,18}(12,447.66)=938.4314$인데, 입기조정수이므로 식 (44)에 따라 감하면 입교상일은 26일 1608분 7022초이다. 그리고 $t^{U}_{M}(18,3291.0604)=1925.8092$는 입전뉵정수이므로 식 (45)에 의해서 계산하면 입교정일은 26일 1760분 3407초이다.

8월 경망가시입교범일여초는 14일 0209분 6968초이다. 이날의 입기조뉵정수는 $t^{U}_{S,19}(11,3307.50)=922.6669$이고, 입기조정수이므로 감하면 입교상일은 13일 4517분 0299이다. 입전조뉵정수 $t^{U}_{M}(5,4392.9538)=2086.4333$이고, 입전 조정수이므로 8월 경망입교정일은 13일 4352분 7439초가 된다.

한편, 칠정산내편에서는 경삭입교범일에 월평행을 먼저 곱하여 정교(강교점)부터 경삭까지 달이 이동한 평균 각도로 나타낸 교상도(交常度)를 구한다. 이에 태양의 부등운동 값(영축차)을 더하거나 감하여 정교(강교점)부터 정삭까지 달이 이동한 실제 각도인 교정도(交定度)를 구한다.

3) 입교일의 음양력교전후분 계산(求入交陰陽曆交前後分)

일월식의 한계를 계산하는 방법으로 일월식이 황백교점에서 일어나지 않고 근처에서 일어날 때 정삭이 교점으로부터 떨어진 거리를 계산하기 위해 입음·양력과 교전·후분을 계산한다.

입교정일을 보았을 때, 교중일(交中日) 이하이면 양력(陽曆), 이상이면 교중(交

中)을 감한 나머지가 음력(陰曆)이다. 1일 상하(上下)이면 〈일법으로 통분한 분이〉 교후분(交後分)이 되고, 13일 상하이면 반대로 교중을 감한 것이 교전분(交前分)이 된다.

중수대명력의 황백교점은 정교(正交)가 기준으로 정교부터 입교일의 날짜를 세어나간다. 중수대명력에서 정교(正交)는 강교점에 해당하고 중교(中交)는 승교점에 해당하므로, 정교부터 다음 정교까지의 길이를 교종일(27일 1109분 9368초)이라고 하며, 그의 절반은 교중일(13일 3169분 9684초)이다. 그러므로 입교일의 일(日) 단위가 1일이라면 강교점 근처이고, 약 13일 정도가 되면 반대쪽인 승교점 근처가 된다. 달이 교점보다 아래에 있으면 양력, 위에 있으면 음력에 해당하는데, 〈그림 4-19〉와 같이 달이 황도를 기준으로 북에서 남쪽으로 통과하는 순간을 입양력(入陽曆)이라고 하고 반대로 북쪽으로 통과하는 순간을 입음력(入陰曆)이라고 한다. 또한, 정교(正交) 이후 양력의 교상(交象)까지와 중교(中交) 이후 음력의 교상까지는 교후분(交後分)이고, 양력의 교상부터 중교까지와 음력의 교상부터 정교까지는 교전분(交前分)이다. 칠정산내편에서는 정교 · 중교한도(正交 · 中交限度)에 해당하며, 교정도(交定度)에 따라 식이 정교나 중교에서 일어난다.

내용을 자세히 풀이하면, '입교정일 〈 교중일'이면, 입교정일이 그대로 양력이 되고, '입교정일 〉 교중일'이면, 입교정일-교중일의 값이 음력이 된다.

일식은 교점이나 그 근처에서 일어나므로 각각의 교점을 지난 후의 일수를 계산해서 일식이 일어날 수 있는 경우를 판단할 수 있다. 다음으로 양력의 일(日) 단위가 1일 근처이면, 교후분=양력/5230이 되고, 음력일의 일(日) 단위가 13일 근처이면 교전분=교중일-음력이 된다.

가령에 따라 계산하면, 8월 경삭입교정일은 26일 1760분 3407로 교중일보다 크기 때문에 교중을 감하면 입음력 12일 3820분 3723이 된다. 이 값은 13일 근처에 해당하므로 교중일에서 감하면 교전분 0일 4579분 5961이다. 8월 경망입교정일은 13일 4352분 7439초이므로 교중일보다 크다. 그러므로 승교점인 교중을 지나 음력에 들어서게 되는 입음력이 되며, 경망입교정일에 교중을 감하면 0일 1182분 7755초가 된다. 그리고 이 값은 1일 이하이므로 교후분이 된다.

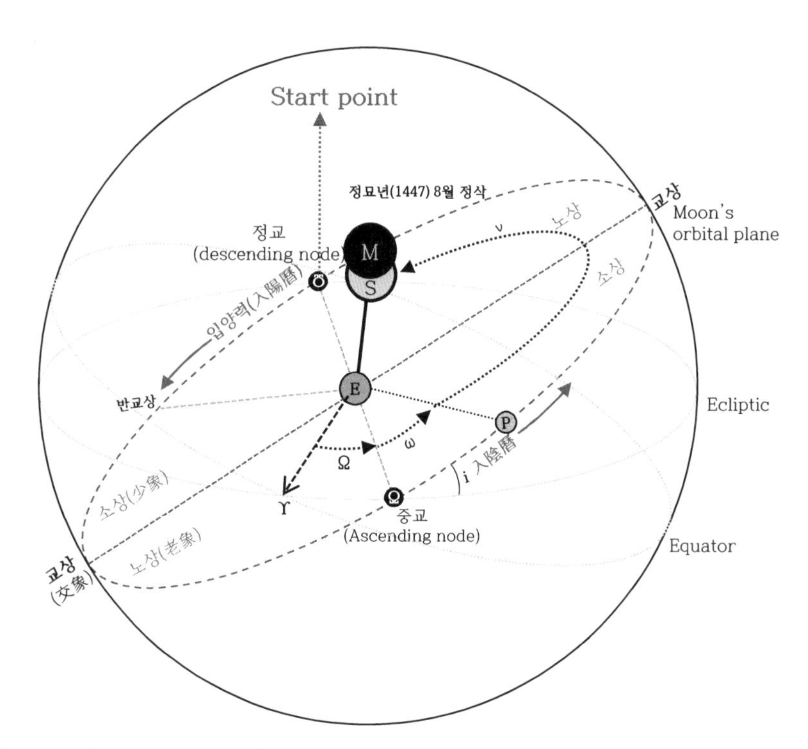

〈그림 4-19〉 중수대명력의 황백교점: 중수대명력의 황백교점은 강교점이 기준이 되는데, 정교라고 한다. 그리고 강교점부터 다음 강교점까지의 길이를 교종일(交終日)이라고 하며, 강교점의 반대인 승교점은 교중(交中)에 해당한다. 또한, 교종의 1/4은 교상(交象)에 해당하고 교상의 1/2은 반교상(半交象)이다. 달이 교점을 통과한 일수인 입교범일은 강교점이 기준으로 강교점으로부터 날짜를 세어나간다. 이때, 달이 황도를 기준으로 북에서 남쪽으로 통과하게 되면 입양력(入陽曆)이라고 하고 반대로 북쪽으로 통과하게 되면 입음력(入陰曆)이라고 한다. 또한 정교(正交) 이후 양력의 교상(交象)까지와 중교(中交) 이후 음력의 교상까지는 교후분(交後分)이고, 양력의 교상부터 중교까지와 음력의 교상부터 정교까지는 교전분(交前分)이다.

4) 일월식의 식심정여 계산(求日月蝕甚定餘)

일월식심정여는 일월식의 식심 시각을 구하는 것으로 일식이 최대인 순간이다.

> 삭·망입기조뉵정수(入氣朓朒定數)와 삭·망입전조뉵정수(入轉朓朒定數)를 놓고 이름이 같으면(同名) 서로 더하고, 다르면(異名) 서로 감한 것에 1337을 곱한다. 정삭망가시입전산외전정분(定朔望加時入轉算外轉定分)으로 나누어서 얻은 것을 조는 경삭망소여에서 감하고, 뉵은 경삭·망소여에 더한 것이 범여(汎餘)이다.
>
> 일식에서 범여를 보았을 때, 반법(半法) 이하이면 중전분(中前分)이 되고, 반법 이상이면 반법을 뺀 것이 중후분(中後分)이 된다. 중전분과 중후분을 놓고 반법에서 감하고 다시 중전·후분을 곱한 것을 2배 한다. 10000으로 약분한 것이 분이고 시차(時差)라고 한다. 중전(中前)은 범여에서 시차를 뺀 나머지가 정여(定餘)이고 반법에서 거꾸로 정여를 뺀 나머지가 오전분(吾前分)이 된다. 중후(中後)는 범여에 시차를 더한 것이 정여(定餘)이고, 정여에서 반법을 뺀 것이 오후분(吾後分)이다.
>
> 월식에서 범여가 일입후 야반전에 있는 것으로 보았을 때, 일법의 3/4 이하이면 반법을 뺀 것이 유전분(酉前分)이고, 일법의 3/4 이상이면 거꾸로 일법에서 뺀 나머지가 유후분(酉後分)이다. 또 범여가 야반후 일입전에 있는 것으로 보았을 때, 일법의 1/4 이하이면 묘전분(卯前分)이고, 일법의 1/4 이상이면 거꾸로 반법에서 (범여를) 뺀 나머지가 묘후분(卯後分)이다. 그 묘전·후분과 유전·후분을 서로 곱하여(제곱하여) 4를 곱하고 한 자리를 물러서고 10000으로 약분한 것이 분(分)이고, 이를 범여에 더한 것이 정여(定餘)이다. 각각 정여를 놓고 발렴가시법으로 시간을 구하면 일·월식의 진각(辰刻)이다.

입기조뉵정수와 입전조뉵정수를 서로 더하거나 감하는데, '조(朓)'와 '뉵(朒)'일 경우는 서로 다른 이름으로 감하고, '조'와 '조', 혹은 '뉵'과 '뉵'일 경우는 같은 이름이므로 서로 더한다. 예를 들어, 가령의 8월 경삭입기조정수(938.4314)와 경삭입전뉵정수(1925.8092)는 서로 다른 이름이므로 감하면 입기입전조뉵정수 987.3778분(= 1925.8092 - 938.4314)을 얻는다.

범여를 계산하는 방법은 입기입전조뉵정수에 달의 월평행도 13.37을 곱하고 〈전정분급적도조뉵율(轉定分及積度朓朒率)〉 입성의 정삭망가시입전산외전정분($\triangle P_M$)으로 태양과 달의 각속도를 나눈다. 여기서 중요한 사항은 입성의 전정분($\triangle P_M$) 값은 '정삭망가시'에서도 알 수 있듯이 경삭이 아닌 정삭일 때의 값을 사용하도록 되어 있다. 그러나 정삭일 때의 전정분을 계산하는 방법은 따로 수록되어 있지 않다. 그러므로 본인이 《보월리》 챕터의 〈정삭 · 정망일의 계산〉을 통해 정삭을 따로 계산했으며, 이를 활용해 입성의 정삭 · 정망 가시 입전산외 전정분($\triangle P_M$)을 계산했다. 다음으로 이 값을 천정경삭에 더하여 범여를 구한다.

$$t_F = S_k^n + \left\{ t_{S,i}^U(n,m) + t_M^U(n,m) \right\} \times \left(\frac{13.37}{\triangle P_M} \right) \qquad (46)$$

여기서, t_F는 범여이고, $S^n{}_k$는 경삭, $t^U{}_{S,i}(n,m)$와 $t^U{}_M(n,m)$는 각각 입기와 입전조뉵정수이다. 식 (46)은 식 (33)과 비슷한데, 이는 식 (34)에서 계산한 정삭소여에 하루 달의 평균속도를 실제 각속도(apparent angular speed)로 나눈 값을 더한 것과 같다. 즉, 정삭소여 + ($13.37/\triangle P_M$)가 된다. 이는 $t^U{}_M(n,m)$의 계산과정에서 식 (27-b)와 식 (29)와 같이 달의 평균속도로 나누어 주기 때문에 범여를 통해 달의 실제 각속도로 나누어주는 과정을 거쳐 실제 정삭 시각을 계산한다. 예를 들어 가령에서, 8월 삭일은 근지점 이후 19번째[46] 날에 해당하므로, 〈전정분급적도조뉵율〉 입성에 의해 $\triangle P_M(19)$=12.81도이고, $S^m{}_9$=255.0분, $t^U{}_{S,i}(n,m)+t^U{}_M(n,m)$=987.3778분이므로, 범여 t_F=3585.54분이다.

중수대명력에서는 하루 동안의 달의 시차(π) 변화를 고려하기 위해 $x(\alpha-x)$와 같은 형태의 이차방정식을 사용하였다. 달의 시차, $\pi(t_F)$를 계산하는 방법은 식 (47-a), 식 (47-b)와 같다. 이때 범여를 반법(2615)과 서로 비교하여, $t_F \leq$ 2615(반법)인 경우와 t_F〉2615(반법)인 경우로 나누어진다.

$$\pi(t_F) = \frac{2(t_F)(2615 - t_F)}{10000} \qquad t_F \leq 2615 \qquad (47\text{-a})$$

$$\pi(t_F) = \frac{2(t_F - 2615)(2 \times 2615 - t_F)}{10000} \qquad t_F > 2615 \qquad (47\text{-b})$$

중수대명력에는 시차가 최대와 최소일 때 값은 따로 기록되어 있지 않지만 식 (47-a)와 (47-b)에 의해서 범여(t_F)가 각각 2615, 1307.5, 3922.5일 때 달의 시차(π)는 $\pi(2616)=0$, $\pi(1307.5)=-\pi_{max}$, $\pi(3922.5)=+\pi_{max}$가 된다. 그러므로 범여와 반법(半法)의 값이 일치하는 정오일 때 시차는 "0"이 되어 최소가 되고, 1307.5분 또는 3922.5분일 때의 값은 각각 −341.911과 +341.911로, 시차 값은 최대가 되며, 정오를 기준으로 대칭인 것을 알 수 있다. 원(元)의 수시력(授時曆)에서는 최대 시차 값은 651로 중수대명력을 수시력의 값으로 환산하면 653.75가 되어 수시력의 651의 값과 비슷한 것을 알 수 있다.

다음으로 식심정여(maximum eclipse time, 이하 t_M)는 t_F에 $\pi(t_F)$를 가감하여 구하는데, 이때 중전분일 경우는 시차를 빼고(48-a), 중후분일 때는 시차를 더한다(48-b).

$$t_M = t_F - \pi(t_F) \qquad t_F \leq \gamma \qquad (48\text{-a})$$

$$t_M = t_F + \pi(t_F) \qquad t_F > \gamma \qquad (48\text{-b})$$

중전분은 γ-t_M이 오전분이 되고, 중후분은 t_M-γ가 오후분이 된다. 가령에 따라 계산하면, 정묘년 8월 삭의 범여 t_F=3585.54분일 때, 시차 $\pi(t_F)$=319.20분이 된다. 그리고 8월 삭의 일식은 중후분이므로 범여에 시차를 더하면 식심정여 t_M=3904.74분이 되고, 오후분 1289.74분을 얻는다.

앞서 범여에 시차를 더하거나 감하여 식심 시각을 계산하는데, 이때의 시차를 일주시차(diurnal parallax)라고 한다. 지구가 자전하는 동안 관측자의 관측 지점의 위치 변화로 인해 천체의 시차가 발생하는데, 관측자(obserber)는 지구 중심(geocentric)이 아닌 지표면에서(topocentric) 관측하기 때문에 지구표면에서는 관측자의 위치에 따라 천체의 위치가 달라 보이는 것이다.[47] 그러므로 시차는 지구 중심 방향과 지구 표면의 관찰자 방향 사이에 측정된 각도이다. 시차의 값은 천체(여기서는 달: lunar parallax)가 관측자의 자오선에 있을 때 최솟값이 되고 지평선(horizontal)에 있을 때 최대가 되는데, 이때를 지평시차(horizontal parallax)라고 한다. 그러나 지구는 적도가 볼록한 형태이며 최대 지평시차는 적도에서 측정하므로 적도지평시차(equatorial horizontal parallax)라고도 한다. 현대 천문학에서 달의 경우 최대시차는 3422″.09(0.95°)가 되고 태양 최대시차는 8″.794이다. 일식의 경우에도 시차로 인해 정삭과 식심 시각이 일치하지 않는다. 그러므로 범여에 시차를 보정하여 실제 지구표면 관측자가 바라보는 식심 시각을 계산한다.

〈그림 4-20〉은 시간에 따른 시차의 변화를 나타낸 것이다. 그림에서, 정삭(true new moon) 시각은 지구 중심(T)으로부터 태양과 달이 직선거리에 놓여 있을 때를 말한다. 반면 일식의 식심 시각(open circles)은 지구 표면의 관측자(O)로부터 태양과 달이 일직선일 때(dotted lines)를 말한다.

월식의 경우는 다음과 같다. 가령의 8월 경망입기조정수(922.6669)와 경망입전조정수(2086.4333)는 서로 조정수로 같은 이름이다. 그러므로 서로 더하면 3009분 1002초가 된다. 이에 달의 월평행도 13.37을 곱하고 〈전정분급적도조뉵율〉 입성의 정망가시입전산외전정분($\triangle P_M$) 1373으로 나누면 2930분 20초가 된다. 이 값을 천정경망소여에 가감하는데, 입기입전'조'정수이므로 천정경망소여 1327분 45초를 감하면 범여 3627분 30을 얻는다. 범여는 일법의 3/4(3922.5) 값의 이하이므로 반법 2615를 감하면 102분 30초가 되며 유전분이 된다. 유전분을 제곱하여 4를 곱하고 10으로 나누고 10000으로 약분하면 40분 9999초를 얻는다. 이를 범여 3627분 30에 더하면 월식심정여 3668분 29초를 얻는다.

5) 일월식의 식심일행적도 계산(求日月食甚日行積度)

일월식심일행적도는 식심일 때, 동지로부터 태양과 달이 몇 도가 떨어져 있는지 각거리로 계산하는 것이다. 바로 앞 절까지는 일식이 최대일 때 식심 시각을 계산하는 단계였으며, 이번 절부터는 초휴와 복원 시각을 계산하는 과정이다. 식심일행적도를 구하고, 교전분 혹은 교후분에 식차(食差)를 보정하여, 거교전 · 후정분(去交前 · 後定分)을 계산한다. 그리고 식분(食分)과 정용분(定用分)을 계산하여 최종적으로 일식의 시작 시각인 초휴(初虧)와 끝나는 시각인 복원(復圓)을 구한다. 중수대명력에서 식심일행적도를 계산하는 방법은 다음과 같다.

정삭망식심대소여(定朔望食甚大小餘)를 놓고 경삭망대소여(經朔望大小餘)와 서로 감한 나머지에 경삭망입기일대소여(經朔 · 望入氣日小餘)를 가감하면 〈경삭 · 망일이 작으면 더하고 많으면 뺀다.〉 식심입기(食甚入氣)가 된다. 이 값에 해당 기(氣)의 중적(中積)을 더한 것이 식심중적(食甚中積)이 된다. 또한, 식심입기소

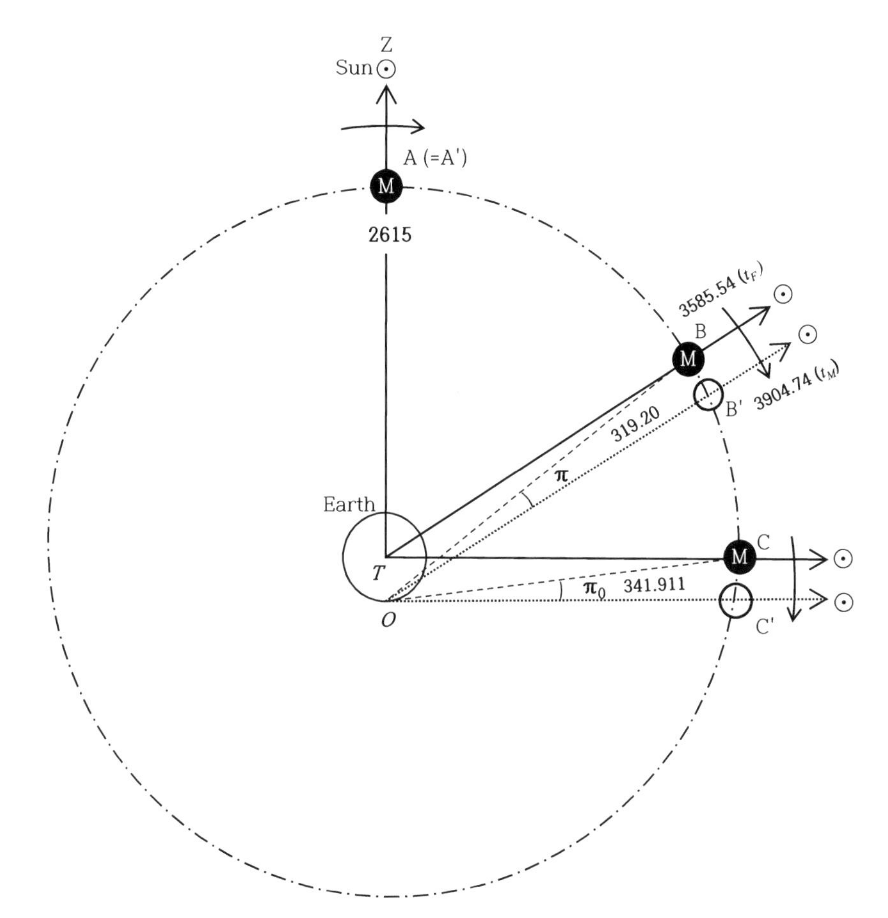

〈그림 4-20〉 시간에 따른 달의 시차(π) 변화: T 는 지구의 중심이고, O 는 관측자의 위치이다. 검은색 원 A, B, C는 범여(t_F)를 나타내고, 하얀색 원 A′, B′, C′는 관측자 중심의 식심 시각을 나타낸 것이다. A는 일식이 오중(午中), 즉 정오(Z, zenith)에 일어날 때를 나타낸 것이다. 이때는 범여와 식심이 일치하므로 π는 0이 되는데, 중수대명력에서는 이때의 t_F=2615분으로 범여와 반법(半法)의 값이 일치한다. 반면, C일 때는 범여와 식심의 거리가 최대이므로 π도 최대가 된다. 중수대명력에서는 t_F=1307.5분 또는 t_F=3922.5분일 때, 범여와 식심의 거리가 최대이므로 π도 최대가 된다.

여에 해당 입기일(n)의 손익률(損益率)을 〈영축(盈縮)의 손익(損益)이다.〉 곱하고, 일법으로 나눈 것을 그 일의 영축적(盈縮積)에 손익(損益)하고, (이것을) 영은 식심중적에 더하고, 축은 식심중적에서 감하면 식심일행적도분(食甚日行積度及分)이다.

정삭식심대소여는 식심정여로 식이 최대일 때 날짜와 시간이다. 식심정여(t_M)와 식 (11-b)에 의해 계산한 경삭대소여(S^n_k)와의 차이를 계산한다. 그러나 일식은 삭일일 때 일어나므로 t_M과 경삭소여의 일(日)은 같으므로 분(分) 단위, 즉 시간 단위로 차이가 난다. 계산한 두 시각의 차이를 'a'로 두고 이에 경삭입기일(求经朔弦望入氣) 대소여와의 시간 차이를 구하면 해당 i로부터 t_M까지 경과한 시간인 식심입기 시각을 구할 수 있다. 〈그림 4-21〉과 같이 경삭소여(S^m_k)의 값이 t_M보다 작거나 큰 경우로 나누어서 계산하는데, S^m_k이 t_M보다 작으면 a를 경삭입기에 더하여 식심입기를 구하고, 반대로 S^m_k이 t_M보다 크면 a를 감하여 식심입기를 얻는다(식 51). 이어서 식심입기에 〈이십사기일적도급조뉵〉 입성의 해당 i의 중적과 경분, N을 더하면 일(日)과 분(分) 단위의 식심중적이 되는데, 동지 이후 t_M까지 경과한 시간을 계산한다.

$$\text{식심입기}(n,m\,;\,i) = \text{경삭입기}(n_0,\, m_0) + |t_M - S^m_k| \qquad (49)$$

$$\text{식심중적} = N + \text{식심입기}(n,\, m\,;\,i) \qquad (50)$$

여기서 t_M은 식심정여이고, S^m_k은 경삭소여, N은 〈이십사기일적도급조뉵〉 입성의 i의 중적과 경분 값이다.

[경삭 < 식심정여]

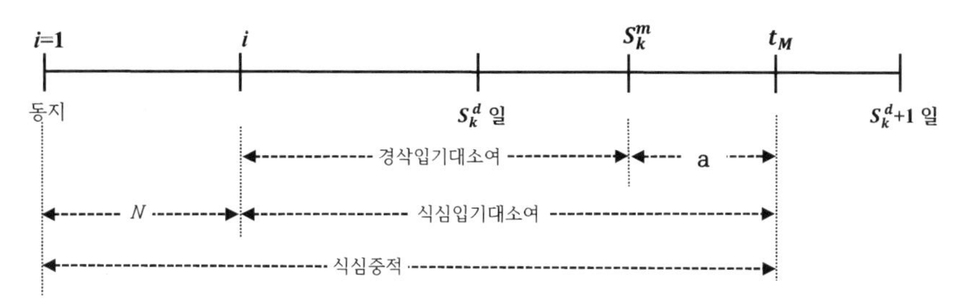

[경삭 > 식심정여]

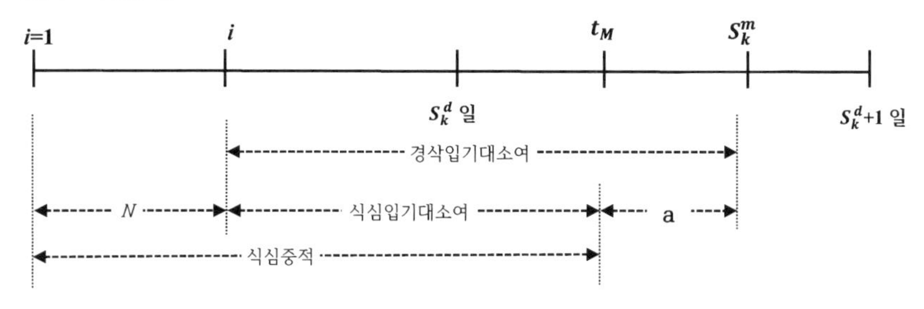

[경삭 < 식심정여] : 1447년 8월 삭 일식

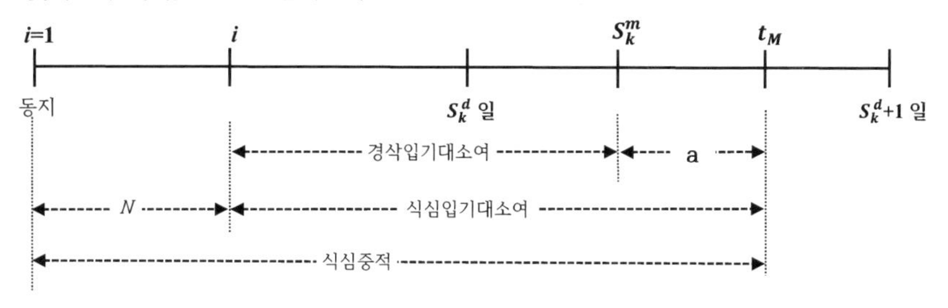

〈그림 4-21〉 식심정여와 경삭대소여의 크기에 따른 식심중적계산: 식심정여(t_M)와 경삭대소여(S^n_k)의 차이를 'a'로 두고, t_M 〉 S^n_k이면, 경삭입기대소여에서 'a'를 더하고(위의 그림), t_M 〈 S^n_k이면 'a'를 감하여(중간 그림) 식심입기를 얻는다. 식심입기에 N을 더하면 동지(i=1)부터 식심정여까지의 거리인 식심중적을 얻는다. 여기서 N은 〈표 4-3〉의 〈이십사기일적도급조뉵(二十四氣日積度及朓朒)〉 입성의 중적과 경분이고, S^d_k는 경삭일, S^m_k는 경삭소여이다. 가장 아래 그림은 정묘년 8월 삭 일식의 식심입기대소여 계산과정을 그림으로 나타낸 것으로 이 경우는 경삭보다 식심정여가 더 큰 경우이다.

다음으로 n일의 태양 부등운동 보정값인 영축적(盈縮積)을 계산하는 과정으로 식 (17)에 따라서 계산한다. 즉, n-1일까지 영축적, $\triangle U^{d}_{S,i}(n-1)$을 구하여 〈이십사기일적도급영축〉 입성의 $U^{d}_{S,i}$를 더하면 n-1일의 영축적을 구할 수 있다. 이에 n일의 손익률, $\triangle U^{d}_{S,i}(n)$에 식심입기소여 m을 곱하고 일법으로 나눈 것을 더하면 식 (51)과 같이 n일의 영축적, $d^{U}_{S,i}(n,m)$을 구할 수 있다.

$$d^{U}_{S,i}(n,m) = \Delta U^{d}_{S,i}(n-1) + \frac{m}{5230}\Delta u^{d}_{S,i}(n) \qquad (51)$$

여기서, n은 식심입기일 대여, m은 식심입기소여, $\triangle U^{d}_{S,i}(n)$는 n일의 손익률, $\triangle U^{d}_{S,i}(n-1)$는 n-1일까지 누적된 영축적이다. 다음으로 식 (51)에 따라 계산한 영축적을 식심중적에 더하거나 감하면 식 (52)와 같이 식심일행적도분, $D^{U}_{S,i}$가 된다.

$$D^{U}_{S,i} = \text{식심중적} + d^{U}_{S,i}(n,m) \qquad (52)$$

각각의 i번째 24기 이후 n번째 날과 m분의 태양의 부등운동 값, $d^{U}_{S,i}(n,m)$은 식 (51)에서 알 수 있듯이 선형보간법(Linear interpolation)을 통해서 얻을 수 있다.

가령에 따라 계산하면 다음과 같다. 1447년 8월 삭일은 식심정여 t_{M}=3904분74와 경삭소여 S^{m}_{9}=2555분을 서로 감한 값은 1349분 74가 된다. 이에 경삭입기일 12일 0447분 60에 더하면 식심입기 12일 1797분 34를 얻는다. 여기에 i=18일 때, 〈이십사기일적도급조뉵〉 입성 내의 N의 값 258분 3735분 30을 더한 것을 일법으로 나누면 동지부터 식심정여까지의 일수인 식심중적은 271일

0578분 0066초이다.

다음으로 〈이십사기일적도급영축〉 입성 내의 E^{I}_{18}, F_{18}, $U^{d}_{S,18}$는 각각 0.00911346, -0.00059887 그리고 2.3276도이다. 그러므로 식 (14)에 따라 i=18, n=12일 때 $\triangle U^{d}_{S,18}(12)=-0.00192702$이고, n-1까지 누적된 영축적은 식 (16)에 따라서 $\triangle U^{d}_{S,18}(11)=-2.39743610$이다. 그러므로 식 (51)에 따라 계산하면, 백로 이후 12일의 누적된 영축적, $d^{U}_{S,18}(12,1797.34)=-2.398098$도가 된다. 이때는 '-' 값으로 축적(縮積)에 해당하는데, 식심일 때 실제 태양(apparent ecliptic position)의 위치가 평균태양(mean ecliptic position)보다 2.0398098도만큼 늦다는 것을 말한다. 그러므로 식 (52)에 따라서 식심중적 271일 0578분 66(271.057866)에 2.0398098을 감하면 $D^{U}_{S,18}=268.659768$이 되어서 1477년 8월삭 식심일행적도분은 268도 6597분 68초이다.

8월망 월식심일행적도분 계산은 다음과 같다. 정망식심대소여 3668분 29초에 8월 경망소여 1327분 45초를 감하면 2340분 74초[48]가 된다. 이를 추분 후 8월 경망입기일대소여 11일 3307분 50초에 가감하는데, 입기대소여가 더 크므로 감하면 식심입추분기(食甚入秋分氣)는 11일 0418분 29초가 된다. 다음으로 이 값에 〈이십사기일적도급영축〉 입성 내의 추분(i=19) 이하 중적 273일과 경분 4878분을 더하면 식심중적 285일 0066분 29초를 얻는다. 식심중적 소여 66분 29초를 일법으로 나누어 얻은 285일 126분 74초는 식심중적이 된다. 그리고 같은 입성에서 추분 이하 손초율(損初率, E^{I}_{19}) 5분 9840초는 바로 추분기초일의 손율이 된다. 이 값에 입성 내 일차(日差, F_{19}) 5분 9887초를 더하는데 입성에서 초율값이 말율보다 적으므로 더한다. 손초율에 추분 후 10일까지 일차를 거듭 더하면 10일의 손율은 65분 8710이 되고, 입기일 당일 11일은 71분 8597이 된다. 추분 이후 매일의 손율을 누적하여 더하면 395분 2025

가 된다. 이 값을 입성 내 축적(縮積, $U^{d}_{S,19}$) 20.4015도(度)에서 감하면 23619분 7975가 되며 이는 입추 후 10일까지의 축적(縮積)이 된다. 11일 이하 손율 71분 8597에 식심추분기소여 418분 8597을 곱하면 3005분 8193913이 되고 다시 이것을 일법(5230분)으로 나누면 5분 747264가 된다. 이것을 10일 축적 값에 감하면 2361.405가 되고 이것을 식심중적 285일 012674에서 감하면 282도 651269가 된다. 이것이 8월 망식심일행적도분이다.

6) 기차 계산(求氣差)

계절에 따른 달의 시교점이 적도를 따라 편이 되는 시차로 인해 시교점이 황도상에서 이동되는 도수의 차이를 보정하는 값으로 식분(食分)에 영향을 미치는 식차(食差)를 계산하는 것이다.[49] 중수대명력의 기차항수와 기차정수는 칠정산내편에서 각각 남북범차(南北汎差)와 남북정차(南北定差)에 해당한다. 원의 수시력에서도 이와 비슷한 계산법이 있는데, 기차를 남북차, 각차를 동서차라고 한다.

> 일식심일행적도분을 놓고, 중한(中限)이 차면 중한를 빼고, 남은 것이 상한(象限) 이하이면 초한(初限)이고, 이상이면 중한에서 거꾸로 뺀 것이 말한(末限)이다. 자신을 제곱한 것을 2자리 나아가고, 478로 나누어 얻은 것을 1744에서 뺀 나머지가 기차항수(氣差恒數)이다. (이것에) 오전분 · 오후분을 곱하고, 반주분(半晝分, hd^{l})으로 나누어서 얻은 것을 기차항수에서 뺀 것이 기차정수(氣差定數)이다. 〈빼는 것이 가능하지 않으면, 거꾸로 항수를 뺀 것이 정수이다. 응당 더할 것은 빼고, 뺄 것은 더한다.〉 춘분 후, 양력은 감차(減差), 음력은 가차(加差), 추분 후 양력은 가차, 음력은 감차이다. 〈춘분 전, 추분 후 각각 2일 2100분이 정기(定氣)이고 여기에 가감(加減)한다.〉

황백교점은 약 18.61년을 주기로 이동하기 때문에[50] 1년에 약 20도 정도를 남북으로 이동한다. 그러므로 계절에 따라 움직인다고 볼 수 있는데, 중수대명력에서는 이를 기차(氣差)라고 하였다. 그러므로 북반구의 관측자에게는 시백도가 계절에 따라 변하게 되는데, 지점(至點)에서는 최대가 되고 분점(分點)에서는 0도 0분으로 최소가 된다.[51] 그러므로 계절에 따라 이동하는 기차를 보정하는 값이다. 한편 기차정수는 기차항수를 반주분 사이에서 보간(interpolation)한 값에 해당하는데, 반주분, hd^l는 《보구루》 챕터의 〈매일 태양의 일출입분 · 신혼 · 반주분 계산(求每日出入晨昏半晝分)〉에서 계산한 매일의 반주분 값으로 오중을 중심으로 일출과 일몰의 값이 대칭이므로 반주분 값을 사용한다.

앞의 〈일월식의 식심일행적도 계산〉에서 구한 식심일행적도분($D^U_{S,18}$)이 $D^U_{S,18} \geq 182.6218$(중한)인 경우에는 이날의 태양의 위치가 하지를 지났다는 의미이다. 그러므로 $D^U_{S,18}-182.6278$을 하여 $(D^U_{S,18}-182.6278) < 91.3109$(상한)이면 초한이 되고, $(D^U_{S,18}-182.6278) > 91.3109$이면, $182.6218-(D^U_{S,18}-182.6218)$을 하여 말한으로 한다.

$$\text{기차항수} = 1744 - \frac{[\text{초한(말한)}]^2}{478} \qquad (53)$$

$$\text{기차정수} = \text{기차항수}\left(1 - \frac{\text{오전(후)분}}{hd^l}\right) \qquad (54)$$

위에서 계산한 초한과 말한의 값으로 식 (53)과 식 (54)를 사용하여 기차항수와 기차정수를 구할 수 있다. 기차항수는 초한(말한)의 이차함수이다. 앞의 1장 서론의 〈중국의 역법사〉에서 언급한 것과 같이 기차항수를 계산하는 방법은 송행고의 숭천력에서 처음 상승(相乘)을 활용한 이차함수 형태로 계산했으며, 이는 중수대명력을 거쳐 수시력에서도 계속 사용되었다. 반면 다음의 각차정수는 상감상승하는 이차함수를 사용하였다.

초한(말한)의 최대가 되는 때는 상한의 값을 가질 때로서 1744.3457=(상한)^2/4.78이 된다. 한편 기차정수는 기차항수에 비례한다. 계산한 기차정수의 가감차(加減差)는 춘분 후 양력은 감차(減差), 음력은 가차(加差)가 되고, 추분 후 양력은 가차, 음력은 감차가 된다(표 4-9 참조).

〈표 4-9〉 기차정수와 가감차

	양력(陽曆)	음력(陰曆)
춘분 후	감차(減差)	가차(加差)
추분 후	가차	감차

식 (53)과 식 (54)에 따라 각각 기차항수는 195분 3531이고, 기차정수는 6분 2135이다. 1447년 8월삭 일식은 i=18일 때의 일식으로 추분 후, 음력에서 일어나므로 감차(減差)이다.

7) 각차 계산(求刻差)

시간에 따른 달의 시교점이 적도를 따라 편이 되는 시차로 인해 시교점이 황도상에서 이동되는 도수의 차이를 보정하는 값이 각차항수이다.[52] 또한, 지표면에 있는 관측자로 인해 교점을 향하는 관측자의 방향이 식심이 일어나는 시각에 따라 달라진다.[53] 그러므로 식심 시각에 따라 교점이 편이되어 보이는 시차를 보정해 주어야 하는데, 이를 각차정수라고 한다. 중수대명력의 각차항수와 각차정수는 칠정산내편에서 각각 동서범차(東西汎差)와 동서정차(東西定差)에 해당한다.

> 일식심일행적도분을 놓고 중한(中限)이 차면 중한을 뺀 나머지를 중한에서 감하고 다시 그 나머지를 곱한 뒤, 두 자리를 나아가고 478로 나누어 얻은 것(晷)이 '각차항수(刻差恒數)'이다. (이것에) 오전분(吾前分) · 오후분(吾後分)을 곱하고, 일법 $\frac{1}{4}$로 나누어 얻은 것이 각차정수(刻差定數)이다. 〈만약 (정수가) 항수 이상에 있는 것이면 항수를 2배 한 것에서 정수를 감한 것이 감차이다. 동지 후 오전이면 양은 가차이고 음은 감차, 오후이면 양은 감차이고, 음은 가차이다. 하지 후 오전이면 양은 감차이고, 음은 가차이며, 오후이면 양은 가차이고 음은 감차이다.〉

각차항수는 기차항수와 동일하게 계절에 따른 값이 달라지는데, 기차항수와는 반대로 분점(分點)에서는 최대가 되고 지점(至點)에서는 0도 0분으로 최소가 된다. 최대가 되는 때는 중한의 절반인 $D^{U}_{S,i}$=91.3109일 때로 춘추분에 해당한다. 식 (55)에 따라 계산하면 1744.2846이 된다. 한편 지점에서는 $D^{U}_{S,i}$=182.6218의 값을 가지므로 각차항수는 0이 된다.

$$\text{각차항수} = [\,D^{U}_{S,i}\,(182.6218 - D^{U}_{S,i})\,] \times \frac{100}{478} \qquad (55)$$

가령에 따라 예를 들면 다음과 같다. 식심일행적도분, $D^{U}_{S,18}$=268.659768도는 $D^{U}_{S,18} \geq 182.6218$이므로, 중한에서 $D^{U}_{S,18}$를 감하고, 식 (55)에 의해 각차항수를 계산하면, 1738분 4679이다.

각차정수를 계산하는 방법은 각차항수와 오전 · 오후분(일월식심정여 계산(求日月蝕甚定餘) 참조)을 곱한 뒤에 일법의 1/4에 해당하는 1307.5분으로 나누어준다.

$$각차정수 = \frac{오전(후)분}{1307.5} \times 각차항수 \qquad (56)$$

오전 · 오후분은 오정으로부터 식심까지의 시간으로 식심이 오정에 있다면 오전 · 오후분의 값은 0이 된다. 그러므로 식 (56)에 의해 각차정수도 0이 된다. 그러나 1307.5분은 정오를 기준으로 묘(卯)와 유(酉)에 해당하는 시각으로 식심이 이때 일어나면 오전 · 오후분은 1307.5분이 되어 각차정수는 식 (56)에 따라 계산하면, 각차항수와 같은 값이 된다. 그러므로 각차정수는 식심 시각에 따라 정오에서는 최솟값이 되고, 묘나 유의 시각에 가까워질수록 최댓값이 된다.

다음으로 식심의 입기일이 해당하는 24기에 따라 동지와 하지 후 그리고 오전(오후)분에 따라 가감차가 정해진다. 이를 〈표 4-10〉에 정리하였다.

〈표 4-10〉 각차정수와 가감차

오전 · 오후분	오전분(午前分)		오후분(午後分)	
	양(陽)	음(陰)	양	음
동지 후	가차(加差)	감차(減差)	감차	가차
하지 후	감차	가차	가차	감차

가령에 따라 계산하면 다음과 같다. 1447년 8월 삭일의 식심은 오후분 1289.74분이다. 그러므로 식 (58)에 의해 각차정수는 1714분 8539이다. 이날은 24기 중에서 백로에 해당하므로 하지 후가 되며, 오후분에 해당하고, 음(陰)에 있으므로 〈표 4-10〉에 의해 감차(減差)가 된다.

8) 일식의 거교전후정분 계산(求日食去交前後定分)

일식거교전후정분은 교전분이나 교후분에 기차정수와 각차정수에 따른 식차(食差)를 보정한 값으로 식이 교점에서 일어나지 않고 양력이나 음력에 있을 때 식차를 보정한 값이 교점으로부터 떨어진 거리를 계산하여 일식의 유무를 판단한다.

> 기차정수와 각차정수가 동명(同名)이면 서로 더하고, 이명(異名)이면 서로 뺀 것이 식차(食差)이다. 그 가감에 따라 교전분 · 교후분과의 거리(차이)가 거교전정분 · 거교후정분(去交前定分 · 去交後定分)이다. 그 (거교)전정분 · 후정분을 보았을 때, 양력에 있으면 식이 없고, 음력에 있으면 식이 있다. 만약 교전음력(交前陰曆)이 감차에 미치지 못하면, 반대로 (감차에서) 교전음력을 뺀 것이 〈반대로 식차에서 뺀다.〉 교후양력(交後陽曆)이 되고, 교후음력(交後陰曆)이 감차에 미치지 못하면, 반대로 (감차에서) 교후음력을 뺀 것이 교전양력(交前陽曆)이 되어 식이 없다. 교전양력이 감차에 미치지 못하면, 반대로 교전양력을 뺀 것이 교후음력이 되고, 교후양력이 감차에 미치지 못하면 반대로 교후양력을 뺀 것이 교전음력이 되어 일식이 있다.

식차와 거교전정분(또는 거교후정분)은 식 (57)과 식 (58)과 같이 계산할 수 있다.

$$식차 = 기차정수 \pm 각차정수 \qquad (57)$$

$$거교전(후)정분 = 교전(후)분 \pm 식차 \qquad (58)$$

가령에 따라 계산하면, 기차정수와 각차정수는 각각 감차와 가차로 서로 이름이 다른 이명이므로 서로 감하면 식차는 -1708분 6404가 된다. 그리고 감차인 각차정수가 가차인 기차정수보다 크기 때문에 식차는 감차(減差)가 된다.

이에 교전음력분 0일 4579분 59613 〈입교일의 음양력교전후분 계산〉에서 식차 1708분 6404를 감하게 되면 음력교전정분 0일 2870분 95574가 되어 식이 있다.

9) 일식분 계산(求日食分)

일식분은 태양이 달에 의해 가려지는 정도를 구하는 것이다.

> 거교전정분 · 거교후정분을 보았을 때, 2400 이하이면 기전분(既前分)이고 이에 248을 나눈 것이 대분(大分)이다. 2400 이상이면 반대로 5500에서 감한 것이, 〈뺄 수 없으면 일식이 없다.〉 기후분(既後分)이고, 320을 나눈 것이 대분이다. (정법이) 차지 않으면 자릿수를 뒤로 물려서 초(秒)를 삼고 일식분초를 얻는다.

일식분(日食分, 이하 M_g)은 태양이 달에 의해 가려지는 정도를 구하는 것으로 최대식분은 10분이다. 앞 장에서 계산한 거교전정분 또는 거교후정분은 정삭과 교점으로부터의 거리를 나타낸 것으로 거교전후정분 〈 2400이면, 거교전후정분이 그대로 기전분이 된다. 기전분을 정법(定法), 248로 나누면 M_g를 계산할 수 있다.

반대로 거교전후정분 〉 2400이면, 5500에서 거교전후정분을 감하여 기후분이 되고 이를 정법(定法), 320으로 나누면 M_g가 된다. 여기서 2400과 3100은 각각 일식기전한(日食既前限)과 일식기후한(日食既後限)으로 0≤거교전(후)정분≤2400일 때, 사이의 값은 2400으로 일식기전한에 해당하며, 0에서 2400에 가까워질수록 개기식이 된다. 그리고 2400≤거교전(후)정분≤5500일 때, 사이의 값은 3100으로 일식기후한이 되고, 5500부터 감소하여 2400에 가까워질수록 개기식이 된다. 정법(定法), 248은 일식기전한일 때 식분의 계산에서 0

분에서 10분까지 만들기 위한 상수로서 2400/248의 값은 9.68로 최대식분인 10분에 가까운 값이 된다. 또한, 정법, 320은 248과 같이 일식기후한일 때, 식분의 계산에서 0분에서 10분까지 만들기 위한 상수로서 (5500-2400)/320을 계산하면, 9.68로 일식기전한의 최대식분과 같음을 알 수 있다. 거교전정분 · 거교후정분을 N_d, 식분을 M_g라고 할 때, 〈표 4-11〉은 N_d의 값에 따른 M_g의 값을 계산하여 정리한 것이다.

〈표 4-11〉 거교전정분 • 거교후정분의 값에 따른 식분: 윗줄과 아랫줄은 각각 일식기전한과 일식기후한일 때, N_d에 따른 M_g의 값이다.

N_d	2400	2232	1984	1736	1488	1240	992	744	496	248	0
M_g	9.68	9	8	7	6	5	4	3	2	1	0

N_d	2400	2232	1984	1736	1488	1240	992	744	496	248	0
M_g	9.68	9	8	7	6	5	4	3	2	1	0

일식기전한과 일식기후한일 때, 각각의 일식분을 계산하는 방법을 식 (59-a)와 (59-b)에 나타내었다.

$$M_g = \frac{N_d}{248} \qquad (N_d < 2400) \qquad (59\text{-a})$$

$$M_g = \frac{5500 - N_d}{320} \qquad (N_d > 2400) \qquad (59\text{-b})$$

가령에 따라 예를 들면, 〈일식의 거교전후정분 계산(求日食去交前後定分)〉에서 구한 음력 거교전정분 2870분 9557은 2400보다 크기 때문에 일식기후한의 영역이며, 기후분이 된다(그림 4-22 참조). 그러므로 M_g는 식 (59-b)에 따라 M_g=8.21이 된다.

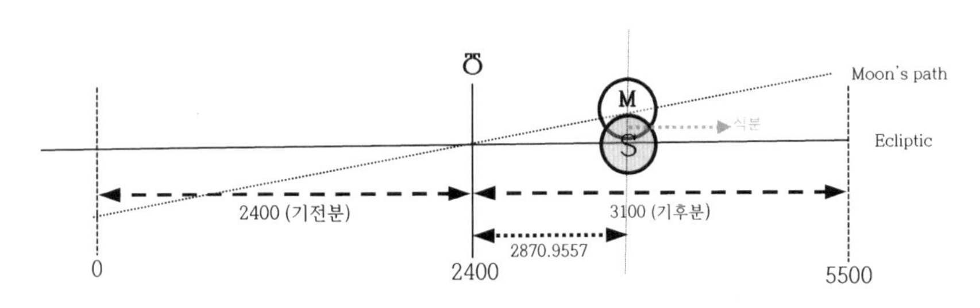

〈그림 4-22〉 1447년 8월 삭 일식의 일식 기후한의 위치

한편, 칠정산내편의 식분은 7분 64초 45이고, 칠정산외편의 식분은 6분 22초이다. 이를 현대 방법으로 계산하면 1447년 8월 삭의 식분은 약 7분 30초이다.[54]

10) 월식분 계산(求月食分)

월식분은 달이 지구 그림자에 의해 가려지는 정도를 구하는 것이다.

> 거교전분 · 거교후분을 보았을 때, 〈기차 · 각차는 사용하지 않는다.〉 1700 이하이면 식기(食既)이고, 이상이면 거꾸로 5100에서 뺄 수 없으면 식이 없다. 나머지에 340을 나누면 대분이고, 차지 않으면 퇴제하여 초(杪)가 되어 월식분초를 얻는다. 거교분이 월식기한(既限) 이하이면 거꾸로 기한에서 뺀 것에 340을 나눈 것이 기내대분(既內之大分)이다.

월식분은 달이 지구의 그림자에 의해 가려지는 정도를 구하는 것으로 최대 식분은 15분이다. 달의 지름은 10으로 하고 지구 그림자의 지름을 20으로 한다. 그러므로 달 지름의 절반인 5와 지구 그림자 지름의 절반 10을 더하면 15가 된다(그림 23 참조). 앞에서 계산한 거교전정분 또는 거교후정분은 정삭과 교점으로부터의 거리를 나타낸 것이다. 만약, 0≤거교전(후)정분≤1700이면 식기이며, 1700은 개기월식이 일어날 수 있는 한계를 판단하는 월식기한(月食旣限)이라고 한다. 그러므로 거교전후정분이 1700 이하이면 개기월식이 일어난다고 판단할 수 있다. 그리고 1700〈거교전(후)정분≤5100이면, 부분월식이 되고 거교전(후)정분〉5100이면 월식이 없다. 이때 5100의 값은 월식이 일어나는 한계인 월식한(月食限)이라고 한다. 월식분의 계산방법은 월식한에서 거교전후정분을 감한 값을 정법(定法), 340으로 나누면 M_g를 계산할 수 있다. 정법 340은 식분의 계산에서 0분에서 15분까지 만들기 위한 상수로서 만약 거교전후정분이 5100이면, 식분은 0이 되고, 1700이면 월식분은 10분이 된다. 그리고 0이면 최대식분인 15가 된다. 월식분을 계산하는 방법을 식으로 나타내면 다음과 같다. 식에서 M_g는 월식분이고, N_d는 거교전후정분이다.

$$M_g = \frac{5100 - N_d}{340} \qquad (N_d \le 5100) \qquad (60)$$

가령에 따라 8월 경망 월식을 계산하면, 월식의 거교전후정분은 음력이면서 교후분이 되며, 그 값은 1182분 77로 식 (60)에 따라 계산하면, M_g=11.52가 된다. 또한, 이 값은 1182.77≤1700이므로 식기(개기일식)가 된다. 음력교후분이 월식기한 1700 이하인 개기식의 경우는 기내대분을 계산한다. 기내대분은 월식분초에서 10분을 감한 값과 동일한데, 식심정여 때 지구 그림자의 반지름인

10을 제외하고 달이 지구 그림자 중심으로부터 얼마나 더 식심이 깊은지 알 수 있다. 그러므로 기내대분의 최댓값은 5분이다. 기내대분을 계산하는 방법은 식 (61)과 같다. 식에서 UM_g는 기내대분이고, N_d는 거교전후정분이다.

$$UM_g = \frac{1700 - N_d}{340} \qquad (N_d \leq 1700) \qquad (61)$$

식 (61)에 따라 계산하면 기내대분 1분 52초를 얻는다. 〈그림 4-23〉은 1447년의 8월 경망 월식을 나타낸 것이다. 그림의 왼쪽에서 최대 식분은 15분이고, 기내대분 1.52분은 월식분 11.52분과 지구 그림자의 반지름 10분의 차이이다.

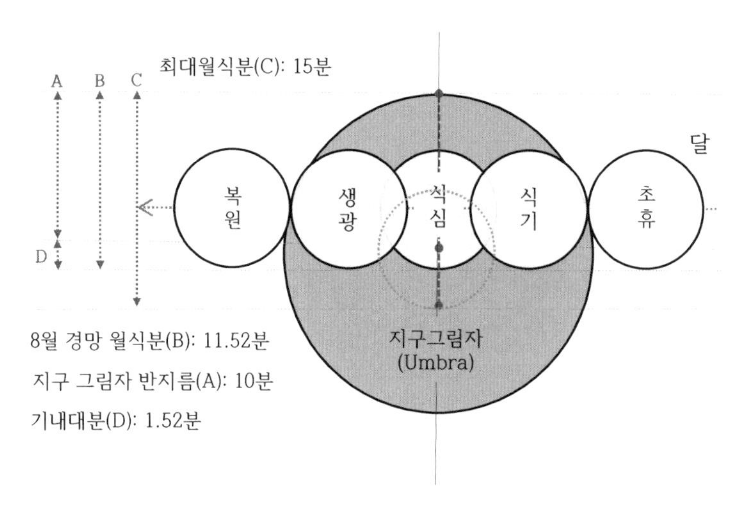

〈그림 4-23〉 정묘년 8월 경망 개기월식의 기내대분

칠정산내편에서는 같은 월식에 대해 월식분이 11분 01초 10이고, 칠정산외편은 13분 05초로 모두 개기월식이었다.

11) 일식의 정용분 계산(求日食定用分)

정용분은 식의 최대인 식심을 중심으로 식이 시작되는 초휴(初虧)와 식이 끝이 나는 복원(復圓)까지의 시간을 구하는 것이다.

> 일식대분을 놓고 30분에서 감하고 다시 일식대분을 곱한 값에 2450을 곱한다. 이것을 정삭입전산외전정분으로 나누면 정용분(定用分)이 되고, 식심정여를 감한 것이 초휴분(初虧分), 더한 것이 복원분(復圓分)이다. 각각 발렴가시법으로 계산하면 일식삼한진각(日食三限辰刻)을 얻는다.

중수대명력에서 정용분은 상감상승으로 구하지만, 원의 수시력 이후부터는 개방술(開方術)을 사용하였다. 일식대분이 M_g일 때, $M_g(30-M_g)$로 표현되는 것은 상감상승법으로 이차보간법이다. 이에 2450을 곱하고 〈전정분급적도조뉵율(轉定分及積度朓朒率)〉 입성의 입전산외전정분, $\triangle P_M(n+1)$으로 나누면 정용분은 식 (62)와 같이 표현할 수 있다. 여기서 R_M은 정용분이고, t_M은 식심정여, t_{P1}은 초휴분, t_{P4}는 복원분이다.

$$R_M = M_g(30 - M_g) \times \frac{2450}{\triangle P_M(n+1)} \qquad (62)$$

정용분을 식심정여에서 감하면 초휴분이 되고, 더하면 복원분이다.

$$t_{P1} = t_M - R_M \qquad (63\text{-a})$$

$$t_{P4} = t_M + R_M \qquad (63\text{-b})$$

만약 $\triangle P_M$을 달의 평균각속도인 13.37로 두고 M_g=10일 때의 값을 식 (62)에 따라 계산하면 R_M은 최대 약 366.49분이 된다. 그러므로 정용분(R_M)의 값은 $0 \geq R_M \geq 366.49$분 사이에 있게 된다. 이를 현대 시간으로 계산하면 약 16.85^m이다.

이를 가령에 따라 계산하면, M_g=8.21, $\triangle P_M(19)=1281^{55}$이므로, R_M=342.15이다. 이에 (63-a)와 (63-b)에 의해 t_{P1}=3562.59분, t_{P4}=4246.89분이다. 〈그림 4-24〉에 정묘년(1447) 8월 삭일의 식심정여 계산에 필요한 값들의 관계를 그림으로 정리하였다.

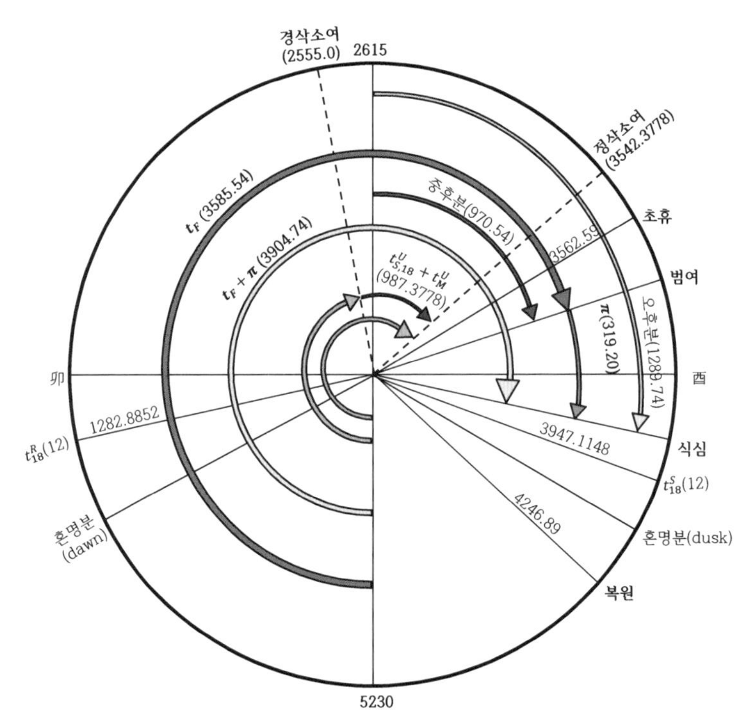

〈그림 4-24〉 정묘년(1447) 8월 삭일의 일식 계산(步交會): 정묘년(1447) 8월 삭일의 식심정여 계산에 필요한 값들의 관계를 나타낸 그림이다. 먼저 경삭소여에 입기입전조뉵정수를 더하면 정삭소여가 된다. 그러나 정삭소여는 달의 월평행도로 나눈 입전조뉵정수를 사용하였으므로, 이후 다시 달의 실제 각거리로 나눈 범여(t_F)를 사용한다. 그리고 범여에 시차(π)를 더하면, 식심정여를 구할 수 있다.

12) 월식의 정용분 계산(求月食定用分)

정용분은 식의 최대인 식심을 중심으로 식이 시작되는 초휴(初虧)와 식이 끝이 나는 복원(復圓)까지의 시간을 구하는 것이다. 부분월식의 경우는 초휴, 식심, 복원 세 단계로 나누어지지만 개기월식의 경우는 초휴, 식기, 식심, 생광, 복원의 다섯 단계로 나누어진다. 〈그림 4-25〉는 월식의 단계를 그림으로 나타낸 것이다. 짙은 색의 큰 원은 지구 그림자이고 개기월식 혹은 부분월식에 따라 달이 지구 그림자를 지나는 위치가 다른데, 식기와 식심 그리고 생광이 모두 지구 그림자에 들어가면 개기월식이 된다. 그림에서 노란색 부분은 월식분을 나타낸 것이다. 해당 부분이 커질수록 지구 그림자와 달이 겹치는 부분이 커지기 때문에 월식분도 커진다.

> 월식대분을 놓고 35분에서 감하고 다시 월식대분을 곱한 것에 또 2100을 곱한 것이 정망입전 산외전정분으로 나누면 정용분이고, 정용분에서 식심정여를 가감하면 초휴분과 복원분이 된다. 각각 발렴가시법으로 월식삼한진각(月食三限辰刻)을 얻는다. 월식기는 기내대분을 15에서 감하고 다시 기내대분을 곱한 것에 또 4200을 곱한 것에 정망입전산외전정분으로 나누면 기내분(既內分)이 되고, 이를 정용분에서 뺀 것이 기외분(既外分)이다. 월식정여를 놓고, 정용분에서 뺀 것이 초휴(初虧)이고, 이에 기외분을 더한 것이 식기(食既)이며, 또 기내분을 더한 것이 식심(食甚)이며, 기정여분(既定餘分)이다. 다시 기내분을 더한 것이 생광(生光)이고, 다시 기외분을 더한 것이 복원(復圓)이다. 각각 발렴가시법으로 구하면, 월식오한진각(月食伍限辰刻)을 얻는다.

정용분은 일식과 마찬가지로 상감상승법을 사용하여 계산한다. 먼저 부분월식일 경우에는 다음과 같이 계산한다. 월식대분이 M_g일 때, $M_g(35-M_g)$를 계산하고, 이에 2450을 곱한 것에 〈전정분급적도조뉵율〉 입성의 정망일 때 입전산외전정분, $\triangle P_M(n+1)$으로 나누면 식 (64)와 같이 표현할 수 있다. 여기서 R_M

은 정용분이고, t_M은 식심정여, t_{P1}은 초휴분, t_{P4}는 복원분이다.

$$R_M = M_g(35 - M_g) \times \frac{2100}{\Delta P_M(n+1)} \qquad (64)$$

정용분을 식심정여에서 감하면 초휴분이 되고, 더하면 복원분이다.

$$t_{U1} = t_G - R_M \qquad (65\text{-a})$$

$$t_{U4} = t_G + R_M \qquad (65\text{-b})$$

다음은 개기월식일 때의 경우이다. 〈그림 4-25〉와 같이 개기월식은 초휴와 식심 시각 사이와 식심과 복원 사이에는 각각 지구 그림자에 내접하는 순간인 식기와 생광의 과정이 더 있다. 그러므로 초휴와 식기 사이, 복원과 생광 사이의 시간차는 기외분이고, 식심과 식기 사이와 식심과 생광 사이는 기내분 정도의 시간차가 난다. 그러므로 기내분과 기외분을 계산하는 과정이 더 있다. 또한 기내분과 기외분을 더하면 정용분이 된다. 그러므로 기내분을 먼저 구해서 정용분에서 감하면 기외분을 얻는다. 계산하는 과정은 다음과 같다. 앞의 월식분 계산(求月食分)에서 구한 기내대분이 UM_g일 때 상감상승법을 사용하여 $UM_g(15-UM_g)$를 계산하고 이에 4200을 곱한 뒤에 정망입전산외전정분 $\Delta P_M(n+1)$으로 나눈다. 이것이 기내분이고, 정용분에서 기내분을 감하면 기외분이 된다. 월식정여, 즉 식심 시각에 기내분을 더하면 생광이 되고, 이에 다시 기외분을 더하면 복원분이 된다. 기내분이 R_{U2}일 때, 이것을 계산하는 과정을 식으로 나타내면 다음과 같다.

$$R_{U2} = UM_g(15 - UM_g) \times \frac{4200}{\Delta P_M(n+1)} \qquad (66)$$

다음으로 정용분에서 기내분을 감하면 기외분이 된다. 앞에서 계산한 정용분과 기내분 그리고 기외분을 사용하여 월식의 5단계를 계산할 수 있다.

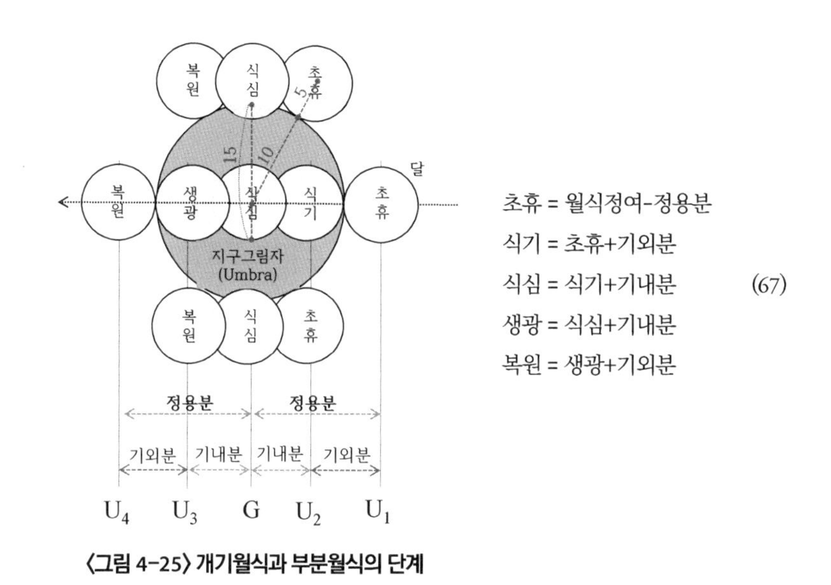

〈그림 4-25〉 개기월식과 부분월식의 단계

가령에 따라 계산하면 다음과 같다. 8월경망월식은 개기식으로 식 (66)과 식 (67)을 사용하여 계산한다. 기내대분은 1분 52초이고, 〈전정분급적도조뉵율(轉定分及積度朓朒率)〉 입성 내에 8월 정망 정전분은 1373분이다. 식 (66)에 의해 기내분(R_{U2})은 62분 67이 된다. 정용분(R_M)이 413분 71이므로 식 (67)에 의해 기외분(R_{U1})은 351분 04이다. 초휴(t_{U1})는 3254분 58이므로 기외분을 더하면 식기(t_{U2})는 3605분 62가 되고, 이에 기내분을 더하면 3668분 29가 된다. 이 값은 앞서 계산한 식심정여(t_G)와 동일한 것을 확인할 수 있다. 이어 식심에서 기내분을 더하면 생광(t_{U3}) 3730분 96을 얻고 기외분을 더하면 복원(t_{U4}) 4082분을 얻을 수 있다.

13) 발렴 계산(求發斂)

발렴(發斂)은 일(日) 단위 이하 분과 초의 값인 소여(小餘)를 12시진(時辰), 각(刻), 분(分) 단위로 변환하는 것으로 가령에서는 분의 단위로 계산한 초휴, 복원, 식심 시각을 12시진, 각, 분의 단위로 변환하기 위해 사용한다. 앞의 식심 정여와 정용분 및 기내외분 계산을 통해 얻은 일월식 단계의 값을 발렴을 통해 12시진으로 변환하는 것이다.

> 소여에 6을 곱하여 진법(辰法)으로 나누면, 진(辰)이 되며, 차지 않는 것은 각법(刻法)으로 나누면 각(刻)이 된다. 이를 자(子)부터 셈하여 나가면 진(辰)과 분(分)을 얻는다. 만약 반진법(半辰法)을 더하면, 즉 자(子)의 각초(刻初)부터 세어나간다.

가령에 따라 정묘년(1447) 8월 삭 일식의 식심은 3904분 74이다. 이를 《보구루》 챕터 〈일출입 시각 계산〉의 식 (42-a), (42-b), (42-c)에 따라 계산하면 다음과 같다. $t^{R}_{i}(n)$의 자리는 변수로 $t^{R}_{i}(n)$ 대신에 t_M을 넣어서 계산한다. t_M=3904.74, D^S=8, B=2508.44가 되는데, B〉1307.5이기 때문에, D^S+1이 되어서 D^S=9가 되고, B=1200.94이다. 그리고 D^K=3, C=259.54이므로 식심 시각은 유초(酉初) 3각 259.54분이다.

이와 같은 방법으로 초휴 t_{P1}=3562.59의 삼한진각을 계산하면, D^S=8, D^K=1, C=141.74가 되므로, 신정(申正) 1각 141.74분이다. 복원분 t_{P4}=4246.89의 경우는 D^S=9, B=1946.34가 되는데, B〉1307.5이기 때문에, D^S+1이 되어서 D^S=10이 되고, B=638.84, D^K=2, C=11.24이다. 그러므로 술초(戌初) 2각 11.24분이 된다.

8월 경망 월식의 경우를 발렴에 따라 계산하면 〈표 4-12〉와 같다.

〈표 4-12〉 1447년 8월 경망 월식 단계의 시간과 12시진

월식 단계	시간(분초)	12시진
초휴 (t_{U1})	3254분 58초	미정 3각 281분
식기 (t_{U2})	3605분 62초	신정 2각 86분
식심 (t_G)	3668분 29초	신정 3각 148분
생광 (t_{U3})	3730분 96초	유초 초각 158분
복원 (t_{U4})	4082분 00초	유정 3각 15분

칠정산내편의 정용분은 570분 2810이다. 수시력과 대통력을 바탕으로 편찬된 칠정산내편에서는 정용분 계산 시에 상감상승 및 개방술을 활용하는데, $\sqrt{M_g \times (20 - M_g)} \times \frac{5740}{\text{정한행도}}$의 방법으로 계산한다. 그러므로 정용분이 570분 2810일 때, 초휴는 신정초각(6713분 03초)이고, 복원은 유정3각(7853분 59초)이다. 칠정산외편에서 정용분은 32분 50초가 되며, 초휴는 신정3각 50초, 복원은 유정 3각 50초이다.

14) 월식의 경점 시각 계산(求月食入更點)

조선 시기 편찬된 역서와 『조선왕조실록(朝鮮王朝實錄)』 등 역사서에 기록된 천체현상 중 24기 입기 시각, 일출입 시각, 삭 · 현 · 망(朔 · 玄 · 望) 시각의 표현은 12시진(時辰)을 사용한다. 또한, 자정(子正) 근처의 시각 표현도 경점법(更點法)이 아닌 12시진을 사용한다. 예를 들어, 1772년 시헌서에서는 자정 근처에 합삭 시각이나 24기가 있을 경우는 각각 '子正三刻一分'이나 '夜子初初刻九分' 등으로 기록한다. 반면, 객성(客星) 등을 관측한 기록은 당일부터 새벽까지 이어진 시간의 연속이므로 경점법(更點法)을 사용한다.[56] 월식의 경우는 보통 12시진으로 나타내기도 하지만 밤에 일어나므로 경점법으로도 시각을 표현한다.

> 식심이 있는 날의 신분(晨分)을 놓고 식심을 2배 하고 5로 나눈 것이 경법이다. 또 경법에 5를 나눈 것이 점법이다. 이에 월식 초제분(初諸分) · 말제분(末諸分)을 놓고 혼분 이상이면 혼분을 빼고, 신분 이하이면 신분을 더한다. (월식제분이) 경법에 차지 않으면 초경이고 점법에 차지 않으면 1점이다. 이 법에 따라 차례차례 구하면, 각각 경 · 점수를 얻는다.

조선에서 시간의 표현은 12시진(時辰) 이외에 밤 시간을 5경(更) 5점(點)으로 나누는 경점법을 사용하였다. 밤 시간은 저녁 박명(昏分) 시간이 지난 후 아침 박명(晨分) 시간 전까지 밤 시간을 5개의 경(更)으로 5등분했고, 다시 1경을 5등분하여 5점으로 표현했다. 밤 시간은 계절에 따라 그 간격이 달라졌는데, 낮 시간보다 밤 시간이 긴 겨울에는 5경의 간격이 넓었고, 밤 시간이 짧은 여름에는 그 간격이 짧았다. 〈그림 4-13〉을 보면 일출분에서 혼명분 130분 75초를 감한 것이 신분(晨分)으로 야반(자정)부터 잰 시간이다. 그리고 일입분에서 혼명분을 더하면 혼분(昏分)이 된다. 야반을 기준으로 신분과 혼분은 대칭하여 같은 시간만큼 떨어져 있다. 그러므로 신분을 2배 하면 혼분부터 신분까지의 시간이 되고, 이것을 5등분하면 1경의 시간인 경법을 구할 수 있다. 그리고 1경법을 다시 5로 나누면 1점의 시간인 점법을 얻는다. 5경은 초경(初更), 2경(二更), 3경, 5경으로 나누어지고, 5점은 초점(初點), 2점(二點), 3점, 4점, 5점으로 나누어진다.[57]

앞의 《보구루》 챕터의 〈춘분과 추분 전후의 척강율(二分前後陟降率)〉 계산에서 신분 $t^{D}_{i}(n)$과 혼분 $t^{T}_{i}(n)$을 구했다. 신분을 활용하여 경법과 점법을 계산하는 식으로 나타내면 다음과 같다.

$$경법 = \frac{t_i^D(n) \times 2}{5} \qquad (68)$$

$$점법 = \frac{경법}{5} \qquad (69)$$

다음으로 각각의 경점수(更點數)를 계산하는데, 초제분(初諸分)과 말제분(末諸分)은 월식 단계에서 계산된 초휴부터 복원까지의 모든 값을 의미한다. 이것을 혼분 혹은 신분과 비교하는데, 혼분보다 작거나 신분보다 크면 밤 시간인 야분(夜分)이 아니라 낮 시간인 주분(晝分)이 되므로 경점법으로 나타낼 수 없다. 반대로 초제분과 말제분이 혼분보다 크면 혼분을 감하고, 신분보다 작으면 신분을 더한다. 이와 같이 감하거나 더한 값은 월식제분이 되는데, 월식제분을 경법과 비교하여 경법보다 작으면 초경(初更)이 된다. 다음으로 초경으로 정해진 월식제분을 다시 점법과 비교하여 점법보다 작으면 초점(初點)이 된다. 한편, 월식제분을 경점과 비교하여 1경점보다 크고 경점을 2배 한 값보다 작으면 월식제분에서 경점을 감한다. 이때 경점법으로 2경이 된다. 월식제분에서 경점을 감하고 남은 것을 점법과 비교하여 다음 각각의 점수를 얻는다.

8월 경망 월식을 가령에 따라 계산하면 다음과 같다. 신분 $t^D_{19}(11)$=1216.59로 식 (68)과 식 (69)에 따라 계산하면 경법은 486.63이 되고, 점법은 97.32가 된다. 혼분은 $t^T_{19}(11)$=4013.41로 혼분과 각각 단계의 시간을 비교했을 때, 초휴 t_{U1}=3254.58, 식기 t_{U2}=3605.62, 식심정여 t_G=3668.29, 생광t_{U3}=3730.96은 혼분 전에 있고, 복원 t_{U4}=4082.00만 혼분 이후에 있으므로 복원 시간만 경점법으로 변환이 가능하다. 먼저, 복원분에서 혼분을 감하면 월식제분은 68.59가 된다. 이는 경법 486.63 이하이므로 초경(初更)이 된다. 복원분에서 혼분을 감한 값이 경법보다 작으므로 이 값이 그대로 점법을 계산하는 데 사용되는데, 점법인 97.32보다도 작으므로 초점(初點)이 된다. 그러므로 복원분은 경점법으로 초경초점(初更初點)이 된다.

15) 일식이 일어나는 방위 계산(求日食所起)

일식이 일어나는 순간 초휴와 식심, 복원 때 달이 태양을 기준으로 이동하는 위치를 알기 위한 것이다. 일월식이 일어날 경우 앞서 언급한 것과 같이 일월식이 일어나는 위치(日食所起)와 식분(食分) 등의 검산을 마친 뒤 임금에게 보고하였다. 그러므로 중수대명력을 포함한 삼편법의 교식(交食)장에는 일식소기가 포함되어 있다. 중수대명력의 일식소기를 계산하는 방법은 다음과 같다.

> 식이 기전분(既前)에 있으면, 서남에 처음 일어나고, 정남에서 최대가 되고, 동남에서 복원된다. 식이 기후분(既後)에 있으면, 서북에 처음 일어나고, 정북에서 최대가 되고, 동북에서 복원된다. 그 식이 8분 이상이면 모두 정서에서 일어나고, 정동에서 복원된다. 이는 정오의 땅에 의거하여 논한 것이다.

일식대분, $M_g \geq 8$분이면, 개기식이므로 일식은 정서와 정동에서 일식이 진행된다. 가령에 따라 정묘년 8월 일식은 식분이 8분 이상으로 정서에서 일어나고 정동에서 복원된다.

16) 월식이 일어나는 방위 계산(求月食所起)

월식이 일어나는 순간 초휴와 식심, 복원 때 달이 지구 그림자를 기준으로 이동하는 위치를 알기 위한 것이다.

> 달이 양력에 있으면 동북에서 처음 일어나고, 정북에서 최대가 되고, 서북에서 복원된다. 달이 음력에 있으면 동남에서 처음 일어나고, 정남에서 최대가 되고, 서남에서 복원된다. 그 식이 8분 이상이면 모두 정동에서 일어나고 정서에서 복원된다. 〈이 역시 오의 땅에 의거하여 논한 것이다.〉

월식이 일어나는 순간 초휴와 식심, 복원 때 달이 지구 그림자를 기준으로 이동하는 위치를 알기 위한 것이다. 달은 월식이 일어나는 동안 오(吾)의 방향인 남쪽을 기준으로 오른쪽 서에서 왼쪽 동으로 움직인다. 개기월식의 경우는 8분 이상 모두 정동에서 정서로 움직인다. 부분식의 경우는 달이 음력이나 양력에 들어선 경우를 살피는데, 이것은 앞의 입교일의 〈음양력교전후분 계산(求入交陰陽曆交前後分)〉에서 구하였다. 월식이 음력에서 일어나는 것은 백도가 황도보다 위에 있는 것으로 달이 지구의 그림자보다 북쪽에 있는 것이다. 그리고 양력에서 일어나는 월식은 백도가 황도보다 아래에 있는 것으로 달이 지구 그림자보다 남쪽에 있다.

8월 경망 월식은 백도가 황도보다 위에 있으며, 승교점을 지났으므로, 음력교후분이다. 음력교후분은 1182분 77이고, 식분은 11분 52초로 식기, 즉 개기월식에 해당한다. 그러므로 월식소기는 정동에서 일어나고 정서에서 복원된다. 〈그림 4-26〉은 가령에 있는 8월 경망 월식의 단계를 나타낸 것이다.

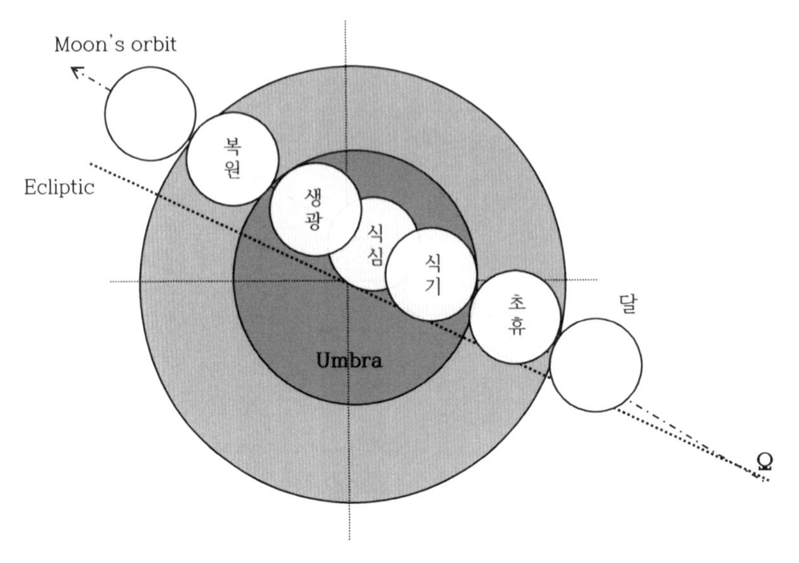

〈그림 4-26〉 1447년 음력 8월 경망 월식 단계

17) 일월출입시 대식소견분수 계산(求日月出入帯食所見分數)

일월식이 진행되는 초휴와 식심시각 사이에 해가 뜨거나 지는 경우 혹은 달이 뜨거나 지는 경우를 대식(帶食)이라고 한다. 대식소견분수는 일 · 월출입시각과 겹치는 순간의 일월식의 식분이 몇 분이 되는지를 계산하는 것이다. 일식이 있을 때, 일출시각에 대식이 있는 경우라면 초휴가 먼저 일어나고 다음으로 해가 뜨기 때문에 일식이 처음 시작되는 초휴를 관측할 수 없다. 그리고 반대로 일입시각에 대식이 있는 경우라면 초휴가 일어나고 해가 지기 때문에 다음 단계인 식심과 복원을 볼 수 없다. 월식의 경우 월입시각에 대식이 있는 경우라면 초휴가 일어나고 달이 지기 때문에 초휴만 볼 수 있다. 그러므로 일월출입분과 겹치는 경우 태양과 달의 고도는 낮아서 평지(平地) 근처에서 일어나게 된다. 그래서 조선에서는 일월식이 평지 근처에서 일어나는 경우는 항상 삼각산(三角山) 등의 산 정상에서 관측하도록 했다. 다음은 『세종실록』 90卷, 세종 22년

(1440) 7월 26일(丙寅) 자 기록이다.[58]

> 일식이 밤에 일어나는 것과 월식이 낮에 일어나는 것과 일월출입시 식이 일어나는 것 외에는 예조(禮曹)에 보고하지 말도록 일찍이 법을 세웠다. 비록 지하(地下)에서라도 복원(復圓)이 되고 초휴(初虧)가 평지(平地)에서 가까우면, 비록 예조에는 보고하지 않더라도 식이 있는 그날을 서운관에서 미리 승정원(承政院)에 보고하고, 승정원에서 전계(轉啓)하여 본관(本館) 관원으로 하여금 삼각산(三角山) 정상(頂上)에 가서 측후(測候)하도록 하고, 일월의 대식하는 것 또한 이 예(例)에 의하여 측후하도록 하여, 영구한 항식(恒式)으로 하라 하였다.

삼각산 정상에는 세종 14년(1432) 동지 때 일출입을 측후하기 위해 집 세 간을 지어놓았는데,[59] 아마도 서운관 관원들이 삼각산에서 측후시에 이를 활용했을 것으로 생각된다. 성종 15년(1484)에는 대식과 관련한 다음의 내용이 있다.[60]

> 일식(日食)과 월식(月食)을 구식(救食) 할 때 만일 대식(帶食)을 하게 되면 평지에서는 미처 바라보게 되지 못하기 때문에 산에 올라가 불을 놓아 알게 했지만, 이번은 해시(亥時)가 되어 월식을 하여 달이 이미 중천(中天)에 올라 사람들이 모두 보게 되므로 불을 놓아서 알게 할 것이 없으니, 불 놓는 것을 정지하기를 청합니다. 하니, 그대로 따랐다.

즉, 세종 대에 대식이 일어날 경우 삼각산 정상에서 관측하기로 한 뒤에 이를 알리기 위해 산에 불을 놓아 알게 했다. 다음 실록 기사는 1550년 음력 8월 1일(壬戌)에 일어날 일식의 대식에 관한 것으로 삼편법으로 계산한 일식 중에서 칠정산외편으로 계산한 복원 시각이 일출 시각과 얼마 차이 나지 않는다는 내용이다.

> 관상감(觀象監)이 아뢰기를, "오는 8월 초하룻날 일식이 있는데, 내외편(內外篇)

과《대명력(大明曆)》의 삼법(三法) 모두 '지하에서 일식할 것이다'라고 하였습니다. 외편의 회회법(回回法)에는 '복원(復圓)은 묘초2각(卯初二刻)이고, 일출은 묘정3각(卯正三刻)이다'라고 하였으니 그 간격이 단지 1각밖에 안 됩니다. 만약 복원 전에 해가 뜨거나 복원하고 일출했을 때 그 색깔이 이상하다면 이는 예사로운 변이 아닙니다. …(생략)….

『명종실록』 10卷, 명종 5년(1550) 7월 6일(丁酉)

지하식(地下食)은 일식의 경우 일출 전 혹은 일출 후에 일식이 일어나는 경우를 말하며, 월식의 경우 월출 전 혹은 월몰 후에 월식이 일어나는 경우로 모두 지상에서는 볼 수 없는 식을 의미한다. 한편, 대식이 일어날 경우 삼각산뿐만 아니라 남산에 올라가서 관상감 관원으로 하여금 관측하게 했다.[61]

평소에 일식(日蝕) · 월식(月蝕)이 하늘가에 나타나면 으레 반드시 높은 곳에 올라가서 보아야 합니다. 경자년 정월 초1일 무진(戊辰)에 일식이 있을 것인데, 사편법(四篇法)으로 추산(推算)해 보건대 …(생략)… 삼편법(三篇法)으로 살펴보았더니, 그날 해가 질 때와 서로 가까웠습니다. 대궐 뜰에서 바라보면 상세하게 살펴보기 어려울 듯하니, 청컨대 따로 본감(本監)의 관원을 정하여 남산에 올라가서 보게 하고, 해가 질 때에 만약 이지러지는 형상이 있으면 곧 화전(火箭)을 쏘아 서로 보고하게 하여 구식(救食)하는 바탕으로 삼으소서.

다음 해인 1720년 음력 1월 1일(戊辰)에 일어날 일식이 일몰 시각과 가까워 낮은 곳에서는 보기가 어려우니 보다 높은 남산에 올라가 확인하고자 하는 내용이다.

조선에서는 일식뿐만 아니라 월식에서도 '대식'을 계산하여 일월식이 일어나는 상황을 상세히 관측하고자 했다. 다음은 『정조실록』 37권, 정조 17년(1793) 1월 16일(경술)의 월식 기사이다.

서운관(書雲觀)이 아뢰기를, "이날 새벽에 월식이 있기는 하나 초휴(初虧)가 일출 시간과 1각(1刻) 남짓 불과하므로 정전(正殿) 앞 섬돌과 본 관상감의 첨성대(瞻星臺)에서는 전혀 볼 수 없으니 이는 지하식(地下食)과 다름없습니다. 그러니 구식(救食)의 의식을 거행하지 마소서" 하니, 상이 승지와 서운관 제조에게 명하여, 함께 첨성대에 나아가 관망해 가지고 만일 지하로 넘어가기 전에 1, 2분이나마 볼 수만 있다면 바로 첨성대에서 구식의 의식을 행하도록 하였다.

이와 같이 일식과 월식에 대식을 계산하여 식이 지상에서 관측이 가능한지 여부를 알 수 있다. 일월식의 대식과 관련된 기사는 조선왕조실록이나 승정원일기에서 찾을 수 있다. 중수대명력의 대식을 계산하는 방법은 다음과 같다.

각 식심소여(食甚小餘)를 일출분 또는 일입분과 서로 감한 나머지가 대식차(帶食差)이고, 이를 식분(食之分)에 곱하여 정용분으로 나눈다. 월 식기의 경우 기내분을 대식차에서 뺀 나머지를 식분에 곱한 것이 기외분과 같으면 1로 한다(기외분으로 나눈다). 뺄 수 없는 경우는 대식이 이미 출입한 것이다. 이를 식분에서 감한 것이 일출입대식소견지분이다. 〈그 식심이 낮에 있으면 신(晨)일 때는 점차 나아가고, 혼(昏)일 때는 이미 물러난다. 식심이 밤에 있으면 신일 때는 이미 물러나고, 혼일 때는 점차 나아간다.〉

먼저, 일식의 대식을 계산하는 방법은 다음과 같다.

$$대식차 = |T^{R}_{i}(n) - t_{M}| \quad (70\text{-a})$$

$$대식차 = |T^{S}_{i}(n) - t_{M}| \quad (70\text{-b})$$

일월출입대식소견지분은 다음과 같다.

$$일월출입대식소견지분 = Mg\left(1 - \frac{대식차}{R_{M}}\right) \quad (71)$$

중수대명력 가령의 1447년 8월 삭일은 $T^S_i(n)$=3947.12분, t_M=3904.74이므로 대식이 아니다. 그러므로 가령에는 이날의 t_M을 임의로 $T^S_i(n)$보다 큰 수를 사용하여 계산 예시로 제시하였다. 즉, t_M=4051.00으로 M_g=8.21, R_M=342.15분이다. 그러므로 식 (70-b)와 식 (71)에 의해 대식차는 103분 88이 되고, 일월출입대식소견지분은 5분 71초이다.

월식의 경우는 다음과 같다. 식 (70)에 의해 먼저 대식차를 계산한다. 부분월식의 경우는 일식과 동일하게 초휴, 식심, 복원의 세 단계이므로 식 (71)을 사용하여 계산하면 월출·입전대식분(月出·入前帶食分)을 얻는다. 그러나 월식기, 즉 개기월식의 경우는 대식차에서 기내분을 감하고 이를 월식분으로 곱한 뒤에 기외분으로 나눈다. 만약 대식차에서 기내분을 감할 수 없다면 이미 출입한 것이다. 가령에 따라 8월망 월식의 대식소견분수를 계산하면 다음과 같다. 8월망 월식의 식심은 추분 이후 11일이다. 이날의 일입분은 3882분 66으로 식심소여 3668분 29보다 작다. 그러므로 대식이 아니다.

18) 일월식의 식심수차 계산(求日月食甚宿次)

일월식의 식심인 순간에 기준점인 천정동지로부터 태양이 몇 도(度)가 떨어져 있는지 계산한 값이다. 식심의 위치를 별의 수도(宿度)인 28수(宿)로 나타내는 것으로 28수가 좌표계의 역할을 하는 것으로 볼 수 있다. 조선왕조실록 등에는 태양과 달의 위치를 28수로 나타내는 기록들이 있는데, 다음 기사는 『중종실록』에 기록된 일식과 관련한 내용으로 중종 34년(1539) 9월 1일(乙未)의 일식과 관련된 기사이다.[62]

내편(內篇)과 외편(外篇) 및《대명력(大明曆)》을 즉시 두루 상고할 수 없으나 평상시 일식 · 월식을 마련할 때 내편법(內篇法)을 위주로 해서 사용합니다. 오늘 이를 상고해 보니 그 법에 감수(減數)에 미치지 못한 것은 일식이 아니라고 했습니다. 대체로 역법(曆法)에 해와 달의 운행은 8도(度)를 한도로 합니다. 오늘은 곧 초하루이며 해는 각성(角星) 10도에 있고 달은 각성(角星) 6도에 있어 그 거리가 지극히 가까우며 또 길이 같은데, 이른바 각(角)이란 것은 곧 해와 달이 왕래하는 황도(黃道)인 것입니다. 또 나후성(羅睺星)은 흉성(凶星)으로 해와 달이 얇게 먹혀 들어갈 때는 반드시 가까운 나후성에 있는 것입니다. 8월 29일에는 각성 8도에 있다가 9월 18일에는 옮겨 가서 7도에 있으니, 이로 본다면 오늘의 일식은 마땅한 것 같습니다.

중수대명력에서 식심인 순간 태양의 위치를 28수로 나타내는 방법은 다음과 같다.

일월식심일행적도(日月食甚日行積度)에 망(望)이면 경법에 반주천(半周天)을 더한다. 천정동지가시황도일도(天正冬至加時黃道日度)를 더한다. 이를 황도수차(黃道宿次)로 제하면 각각 일월식심수도분(日月食甚宿度及分)을 얻는다.

계산하는 방법을 풀이하면, 일월식심일행적도($D^{U}_{S,18}$)는 앞의《보교회(步交會)》챕터〈일월식심일행적도 계산(求日月食甚日行積度)〉에서 계산한 값으로 1477년 8월삭 식심일행적도분은 268도 6597분 68초이다. 일월식심일행적도에 천정동지가시황도일도를 더하는데, 황도일도는〈천정동지의 황도일도 계산(求天正冬至加時黃道日度)〉에서 구한 값으로 천정동지일 때 태양의 위치를 적도(赤道度)가 아닌 황도도(黃道度)로 계산한 것이다. 식심일행적도에 천정동지가시황도일도를 더해서 황도수차법으로 제한다.

$$\text{일월식심수도분} = (\text{일월식심일행적도} + \text{천정동지가시황도일도}) - \Sigma\text{황도수차법} \quad (72)$$

위의 식에 따라 계산하면 다음과 같다. 1447년 천정동지가시황도수도(天正冬至加時黃道宿度)는 기수(箕宿)에 속해 있기 때문에 〈황도수도(黃道宿度)〉 입성 내에서 기 9도 반부터 차례대로 28수를 더한다. 즉, 9.50(箕宿) + 94.0068(북방7수) + 83.75(서방7수) + 70.75(남방7수, 井宿~張宿)는 총 258.0068도가 되고 이에 식심일행적도에 천정동지가시황도일도를 더한 값 276.533608도에서 이를 감하면 18.526808이 된다. 익수(翼宿)는 총 20.00도이지만, 18.526808도만 이동해야 276.533608도가 되므로 정묘년 8월삭 식심수도분초 익(翼) 18도 52분 68초 08을 얻는다.

월식의 경우는 다음과 같다. 앞의 일월식의 식심일행적도 계산(求日月食甚日行積度)에서 구한 8월망 식심일행적도는 282도 651269이다. 이에 반주천 182도 62분 84초를 더하면, 465도 279669가 된다. 주천도 365도 2568보다 크므로 반주천을 감하면 100도 022869가 된다. 이에 정묘년 천정동지가시황도일도 기수(箕宿) 7도 87분 38초 40을 더하면 107도 896709가 된다. 이를 〈황도수도(黃道宿度)〉 입성 내의 기수 9도 반부터 차례대로 빼어나가면 규수(奎宿) 4도 389909를 얻는데, 바로 정묘년 8월 망식심수도분초이다. 칠정산내편의 경우 규수 3도 21분에서 식심에 이르고, 칠정산외편에서는 쌍녀(雙女) 제9성 경도 6궁 9도 04분으로 진수(軫宿)에 속하는 진현(進賢) 별자리와 가깝다.

3. 삼편법의 정묘년(1447) 일월식가령과 현대 계산

1) 삼편법의 정묘년(1447) 일식가령

중수대명력 일식 시각의 정확도를 계산하기 위해 현대 시각과 비교하였으며, 아울러 삼편법의 일식 시각도 함께 비교하였다. 1447년 음력 8월 1일은 율리우스력(Julian calendar)으로 9월 10일이다. 『세종실록』에 의하면 해당 일식은 한양에서는 짙은 구름으로 인해 일식을 관측하지 못했으며, 일부 지방에서는 서북 방향부터 일식이 시작되었다고 기록하고 있다.[63]

중수대명력의 식심 시각은 3904.74분으로 서울을 기준으로 한 시태양시(apparent solar time)로 변환하면 17시 55.1분에 해당한다. 식심 시각의 정확도를 위해 Besselian elements와 Morrison & Stephenson (2004)의 △T 를 사용하였다. 그리고 시태양시(apparent solar time)를 평균태양시(mean solar time)로 변환하였으며, △T는 4.25분, 균시차는(equation of time) 6.26분 그리고 경도차(longitude correction)는 8.4667h이다. 삼편법의 칠정산내편은 이은희(2007)의 연구결과를 활용하였으며, 칠정산외편은 안영숙(2007)의 연구를 활용하였다. 계산 결과를 〈표 4-13〉에 제시하였는데, 세로축의 t_{P1}, t_M, t_{P4}는 각각 초휴, 식심, 복원의 시각을 나타낸다. 그리고 가로축의 A는 중수대명력 일식 시각의 결과이고, B, C, D는 각각 칠정산내편, 칠정산외편 그리고 현대 계산의 결과이다.

〈표 4-13〉 삼편법의 일식 계산과 현대 계산의 비교

구분	A(h m)	A-D(m)	B(h m)	B-D(m)	C(h m)	C-D(m)	D(h m)
초휴(t_{P1})	16 20.9	-30.95	16 33.9	-17.95	16 50.45	-1.4	16 51.85
식심(t_M)	17 55.1	-0.55	17 56.93	+1.28	17 53.16	-2.49	17 55.65
복원(t_{P4})	19 29.3	+35.12	19 19.91	+34.27	18 55.88	+1.7	18 54.18

A: 중수대명력, B: 칠정산내편, C: 칠정산외편, D: 현대 계산

표에서 중수대명력의 식심 시각(t_M, maximum eclipse)은 17시 55.1분으로 현대 계산과의 차이는 −0.55분으로 가장 적은 차이를 보인다. 그러나 이와 반대로 초휴(t_{P1}, first contact)와 복원(t_{P4}, last contact) 시간은 각각 −30.95분과 +35.12분의 차이가 났다. 반면에 칠정산내편의 초휴, 식심 그리고 복원의 값은 각각 −17.95분 +1.28분, +34.27분의 차이가 났으며, 칠정산외편은 각각 −1.4분, -2.49분, +1.7분의 차이를 보였다. 그러므로 같은 연도에 대해서 식심 시각은 중수대명력이 가장 잘 맞지만 초휴와 복원 시각을 포함한 전체적인 시각은 칠정산외편이 가장 잘 맞는다.

다음은 삼편법의 정묘년 월식가령에 수록된 값들을 표로 정리한 것이다. 〈표 4-14〉에서 A는 중수대명력이고, B는 칠정산내편, C는 칠정산외편, 그리고 D는 현대 계산 값이다.

〈표 4-14〉 삼편법의 월식 계산과 현대 계산의 비교

구분	A	A-M (m)	B	B-D (m)	C	C-D (m)	D
초휴(t_{U1})	14:56.08	-12.83	14:33.88	-34.17	15:34.75	26.07	15:08.55
식기(t_{U2})	16:32.74	19.68	15:46.31	-26.73	16:47.63	34.58	16:13.05
식심(t_G)	16:49.99	-3.57	16:11.76	-41.78	17:29.09	36.35	16:53.55
생광(t_{U3})	17:07.25	-26.08	16:37.21	-56.83	18:12.17	38.02	17:34.05
복원(t_{U4})	18:43.91	4.85	17:49.63	-49.27	19:25.05	46	18:39.05

삼편법의 식심 시각 중에서는 일식과 마찬가지로 월식의 식심 시각 또한 현대 시각과 가장 가까웠으며, 나머지 초휴와 식기, 생광 및 복원의 시각도 전체적으로 중수대명력이 잘 맞는 것을 알 수 있다. 중수대명력이 삼편법 중에서 가장 먼저 만들어진 역법이지만 1447년의 일월식의 경우는 중수대명력이 가장 잘 맞는 것을 알 수 있다. 원래 조선 전기 삼편법 중 일월식 계산의 기준은 칠정산내편이었으며, 시헌력 도입 이후인 1654년부터는 시헌력이 사편법의 기준 역법이었다. 그러므로 앞서 언급한 것과 같이 조선 전기 삼편법을 제도화하여 세 가지 역법으로 계산하게 한 이유는 일식 계산의 부정확성을 각각 다른 역법으로 보완하려고 했다고 볼 수 있다.

4. 중수대명력과 칠정산내편의 주요 일식 용어 비교

중수대명력과 칠정산내편은 삼편법 중 하나로 사용되었다. 그러나 역법에서 사용하는 용어가 다르다. 그러므로 다음과 같이 일월식 계산 시 사용하는 주요 용어를 정리하였다.

중수대명력	칠정산내편	내용
경삭입교범일(經朔入交汎日)	경삭입교범일	정교(강교점)↔경삭의 일수
입기조・뉵정수(入氣朓・朒定數)	영축차(盈縮差)	태양의 중심차
입전조・뉵정수(入轉朓・朒定數)	지질차(遲疾差)	달의 중심차
정삭망가시월행입교적도(定朔望加時入交積度)	교상도(交常度)	정교(강교점)↔경삭의 달이 이동한 평균 각도
입교상일(入交常日)	교정도(交定度)	정교(강교점)↔정삭의 달이 이동한 실제 각도
입교정일(入交定日)		
입교음양력전후분(入交陰陽曆前後分)	정교・중교한도(正交・中交限度)	정교(중교)↔정삭
범여(汎餘)	정삭(定朔)	정삭
중전・후분(中前・後分)	중전・후분	오중↔정삭
시차(時差)	시차(時差)	정삭↔식심
식심정여(食甚定餘)	식심정분(食甚定分)	야반↔식심
오전분(午前分)・오후분(午後分)	거오정분(距午定分)	오중↔식심
식심중적(食甚中積)	식심입영・축력(食甚入盈縮曆)	동지(하지)↔식심의 태양이 운행한 일수
식심영・축차(食甚盈・縮差)	식심영・축차	식심일 때 태양의 중심차 보정값

중수대명력	칠정산내편	내용
식심일행적도분(食甚日行積道分) 식심일행적도분·초말한(初末限)	식심입영축력정도 (食甚入盈縮曆定度)	동지↔식심의 태양이 운행한 각도
기차항수(氣差恒數)	남북범차(南北汎差)	달의 시백도 시차
기차정수(氣差定數)	남북정차(南北定差)	반주분과 거오정분의 차이를 반주분에 대한 비를 남북범차로 곱하여 얻는다.
각차항수(刻差恒數)	동서범차(東西汎差)	시간에 따라 달의 시교점이 편이 되는 시차
각차정수(刻差定數)	동서정차(東西定差)	관측자가 지구 중심에 있지 않으므로 식심 시각에 따라 교점이 편의 되어 보이는 시차를 계산
교전·후분(交前·後分)	-	교점↔정삭
식차(食差)=기차정수±각차정수	남북정차±동서정차	시백도와 시교점이 편이 되는 값을 보정
음·양력거교전·후정분 (陰·陽曆去交前·後定分)	입음양·력거교전·후도 (入陰陽·曆去交前·後度)	정교(중교)↔달의 중심 사이의 각거리
일식기후한(日食旣後限) 일식기전한(日食旣前限)	음력식한(陰曆食限) 양력식한(陽曆食限)	식의 한계 상수
일식분초(日食分秒)	일식분초	식분(食分)
정용분(定用分)	정용분	초휴(복원)↔식심
초휴(初虧)	초휴	식이 시작하는 시각
복원(復圓)	복원	식이 끝나는 시각
식심수차(食甚宿次)	식심수차(食甚宿差)	식심의 위치를 28수도(宿度)로 나타낸 것

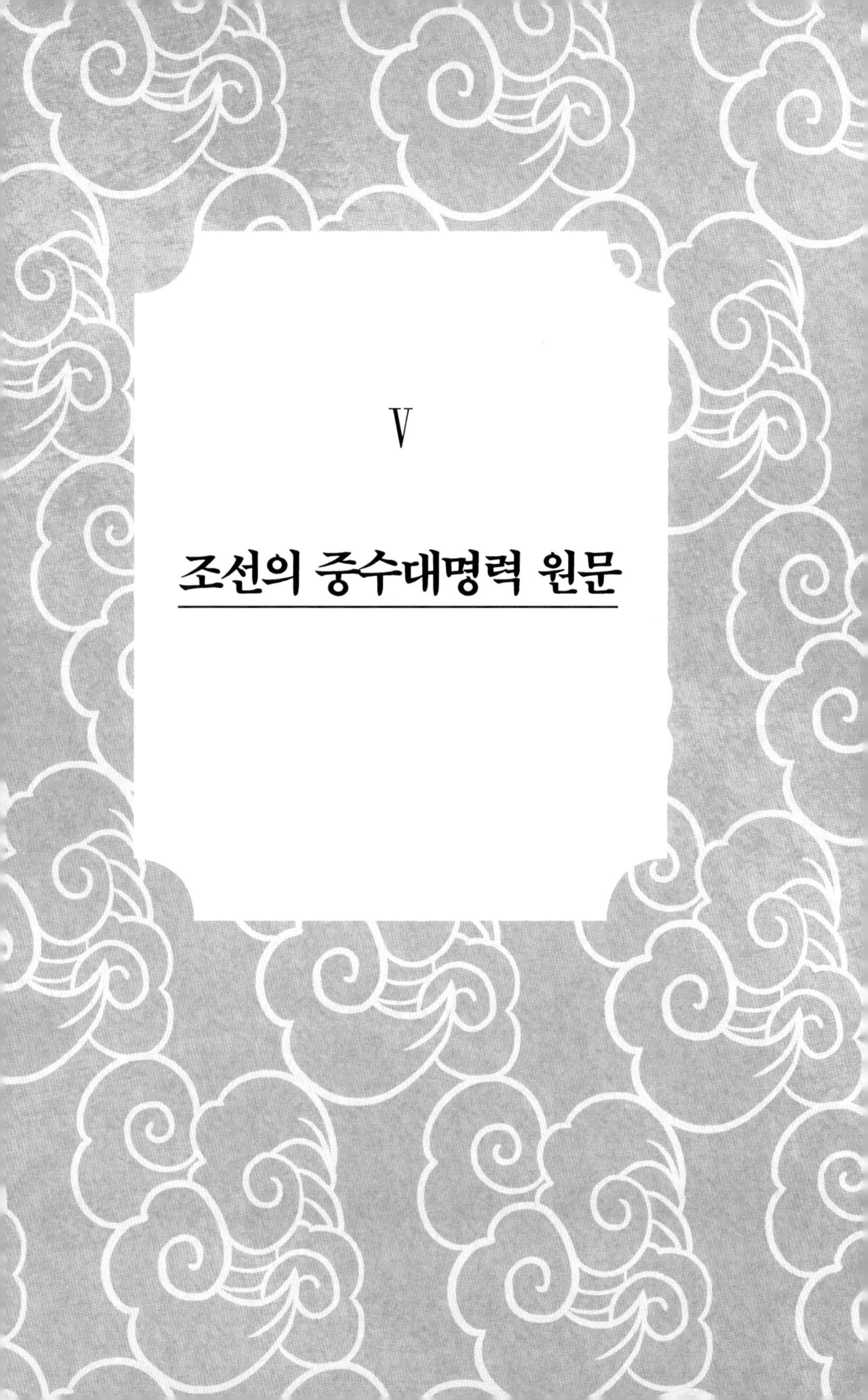

V

조선의 중수대명력 원문

重修大明曆

昔者聖人因天道以授人時釐百工以熙政步推之法其來尚矣自漢太初迄于前宋治曆者奚啻七十餘家大槩或百年或數十年率一易焉蓋日月伍星盈缩進退與夫天運至不齊也人方製器以求之以俾其齊積寡至多不能無爽故爾金有天下百餘年曆惟一易天會伍年司天楊级始造大明曆十伍年春正月朔始頒行之其法以三億八千三百七十六萬八千六百伍十七爲曆元伍千二百三十爲日法然其所本不能詳究或曰因宋纪元曆而增損之也正隆戊寅三月辛酉朔司天言日當食而不食大定癸巳伍月壬辰朔日食甲吾十一月甲申朔日食加時皆先天丁酉九月丁酉朔食乃後天由是占候漸差乃命司天監趙知微重修大明曆十一年曆成時翰林應奉耶律履亦造乙未曆二十一年十一月望太陰虧食遂命尚書省委禮部員外郎任忠傑與司天曆官驗所食時刻分秒比校知微履及見行曆之親踈以知微曆爲親遂用之明昌初司天又改進新曆禮部郎中張行简言請俟他日月食覆校無差然後用之事遂寢是以终金之世惟用知微曆我朝初亦用之後始改授時曆焉今其書存乎太史采而錄之

重修大明曆 卷上

○ 步氣朔 第一

演纪	上元甲子距今大定庚子八千八百六十三萬九千六百五十六年
日法	五千二百三十分
歲實	一百九十一萬0二百二十四分
通餘	二萬七千四百二十四分
朔實	一十五萬四千四百四十五分
通閏	五萬六千八百八十四分
歲策	三百六十五日, 餘一千二百七十四分
朔策	二十九日, 餘二千七百七十五分
氣策	一十五日, 餘一千一百四十二分, 六十秒
望策	一十四日, 餘四千00二分, 四十五秒
象策	七日, 餘二千00一分, 二十二秒半
没限	四千0八十七分, 三十秒
朔虚分	二千四百五十五分
旬周	三十一萬三千八百分
纪法	六十
秒母	九十

求天正冬至

置上元甲子 以來積年, 歲實乘之, 爲通積分. 滿旬周去之, 不盡以日法约之爲日, 不盈爲餘, 命甲子算外, 即所求天正冬至日大小餘.

求次氣

置天正冬至大小餘, 以氣策累加之, 秒盈秒母從分, 分滿日法從日, 即得次氣日及餘秒.

求天正经朔

以朔實去通積分, 不盡爲閏餘, 以減通積爲朔積分.

滿旬周去之, 不盡如日法而一爲日, 不盈爲餘, 即所求天正经大小餘也.

求弦望及次朔

置天正经朔大小餘, 以象策累加之, 即各得弦望及次朔经日及餘秒也.

○ 步卦候 第二

候策	五, 餘三百八十, 秒八十
卦策	六, 餘四百五十七, 秒六
貞策	三, 餘二百二十八, 秒四十八
秒母	九十
辰法	二千六百一十五
半辰法	一千三百七半
刻法	三百一十三, 秒八十
辰刻	八, 一百0四分, 秒六十
半辰刻	四, 五十二分, 秒三十
秒母	一百.

求發斂

置小餘, 以六因之, 如辰法而一爲辰. 如不盡, 以刻法除之爲刻. 命子正筭外, 即得加時所在辰刻及分. 如加半辰法, 即命子刻初.

○ 步日躔 第三

周天分	一百九十一萬二百九十三分, 五百三十秒.
歲差	六十九, 五百三十秒. 秒母一萬.
秒母	一萬
周天度	三百六十五度, 二十五分, 六十八秒.
象限	九十一, 三十一分, 九秒.

求经朔弦望入氣

置天正閏餘, 以日法除爲日, 不滿爲餘, 如氣策以下, 以減氣策, 爲入大雪氣.

以上去之, 餘亦減氣策, 爲入小雪氣. 即得天正经朔入氣日及餘也.

以象策累加之, 满氣策去之, 即得弦 · 望入次氣日及餘. 因加, 後朔入氣日及餘也.

求每日損益盈缩朓朒

以日差 益加減 損加減 其氣初損益率, 爲每日損益率.

馴積損益其氣盈缩朓朒積, 爲每日盈缩朓朒積.

求经朔弦望入氣朓朒定數

各以所入恒氣小餘, 以乘其日損益率, 如日法而一, 以所損益 其下朓朒積爲定數.

求冬至赤道日度

置通積分, 以周天分去之, 餘日法而一爲度, 不滿退除爲分秒. 以百爲母.

命起赤道虛宿七度外去之, 至不滿宿, 即所求年天正冬至加時日躔赤道度及分秒.

求天正冬至加時黃道日度

冬至以冬至加時赤道日度及分秒, 減一百一度, 餘以冬至赤度及分秒乘之, 進位, 滿百爲分, 分滿百爲度.

命曰黃赤道差. 用減冬至加時赤道日度及分秒, 即所求年天正冬至加時黃道日度及分秒.

○ 步晷漏 第四

中限	一百八十二日, 六十二分, 一十八秒.
冬至初限, 夏至末限	六十二日, 二十分.
夏至初限, 冬至末限	一百二十日, 四十二分.
冬至地中晷影常數	一丈二尺八寸三分
夏至地中晷影常數	一尺五寸六分
周法	一千四百二十八
內外法	一萬八百九十六
半法	二千六百一十五
日法四分之三	三千九百二十二半
日法四分之一	一千三百七半
昏明分	一百三十分, 七十五秒
昏明刻	二刻, 一百五十六分, 九十秒
刻法	三百一十三分, 八十秒.
秒母	一百

求每日出入晨昏半晝分

各以陟降初率, 陟減降加其氣初日日出分, 爲一日下日出分.

以增損差, 仍加減加減差. 增損陟降率, 馴積而加減之, 即爲每日日出分.

覆減日法, 餘爲日入分. 以日出分減日入分而半之, 爲半晝分. 以昏明分減日出分爲晨分, 加日入分爲昏分.

二分前後陟降率

春分前三日太陽入赤道內, 秋分後三日太陽出赤道外, 故其陟降與他日不倫, 今各別立數而用之.

驚蟄, 十二日, 陟四六十七, 一十六此爲末率, 于此用畢. 其減差亦止于此. 十三日, 陟四四十一, 六. 十四日, 陟四三十六, 九十. 十伍日, 陟四一.

秋分, 初日, 降四三十八. 一日, 降四三十九. 二日, 降四伍十七. 三日降四六十八. 此爲初率, 始用之. 其加差亦始于此.

求日出入辰刻

置日出入分, 以六因之, 滿辰法而一, 爲辰數, 不盡, 刻法除之爲刻數, 不滿爲分, 命子正算外, 即得所求.

重修大明曆 卷下

○ 步月離 第五

轉終分	一十四萬四千一百一十, 秒六千六十六
轉終日	二十七日, 餘二千九百, 秒六千六十六
轉中日	一十三日, 餘四千六十五, 秒三千三十三
朔差日	一, 餘五千一百四, 秒三千九百三十四
象策[64]	七日, 餘二千一分, 二十二秒半
秒母	一萬
上弦	九十一度, 三十一分, 四十二秒.
望	一百八十二度, 六十二分, 八十四秒.
下弦	二百七十三度, 九十四分, 二十六秒.
月平行度	十三度, 三十六分, 八十七秒半.
分秒母	一百.
七日	初數, 四千六百四十八. 末數, 五百八十二.
十四日	初數, 四千六十五. 末數, 一千一百六十五.
二十一日	初數, 三千四百八十三. 末數, 一千七百四十七.
二十八日	初數, 二千九百一. 末數, 二千三百二十九.

求經朔弦望入轉

置天正朔積分, 以轉終分及秒去之, 不盡. 如日法而一, 爲日, 不滿爲餘秒, 即天正十一月經朔入轉日及餘秒. 以象策累加之, 去命如前, 即得弦望經日加時入轉日及餘秒. 徑求次朔入轉. 以朔差加之.

求朔弦望入轉朓朒定數

置入轉小餘, 以其日算外, 損益率乘之, 如日法而一, 所得, 以損益朓朒積爲定數.

其四七日下餘, 如初數已下, 初率乘之, 初數而一, 以損益朓朒積爲定數.

如初數已上, 初數減之, 餘乘末率, 末數而一, 用減初率, 餘加朓朒積爲定數

其十四日下餘, 如初數已上者, 初數減之, 餘乘末率, 末數而一, 便爲朓朒定數.

求朔望定日

置經朔 · 弦 · 望小餘, 朓減朒加入氣入轉朓朒定數, 滿與不足, 進退大餘, 命甲子算外, 各得定朔 · 弦 · 望日辰及餘.

定朔前干名與後干名同者, 其月大, 不同者, 其月小. 月內無中氣者爲閏.

視定朔小餘, 秋分後, 在日法四分之三已上者, 進一日. 春分後 定朔日出分與春分日出分相減之餘, 三約之, 用減四分之三, 定朔小餘及此數已上者, 亦進一日. 或有交, 虧初在日入前者, 不進之.

定弦 · 望小餘在日出分已下者, 退一日. 望或有交, 虧初在日出前者, 小餘雖在日出後, 亦退之. 如十七日望者, 又視定朔小餘在四分之三已下之數, 春分後用減定之數. 與定望小餘在日出分已上之數相較之 朔少望多者, 望不退, 而朔猶進之. 望少朔多者, 朔不進, 而望猶退之. 日月之行, 有盈縮, 遲疾加減之數, 或有四大三小 若隨常理, 當察其加時早晚, 隨所近而進退之, 使不過三大二小.

求定朔弦望中積

置定朔弦望大小餘與經朔弦望大小餘相減之餘, 以加減經朔弦望入氣日餘, 經朔弦望少即加之, 多即減之. 即爲定朔弦望入氣. 以加其氣中積, 即爲定朔弦望中積. 其餘以日法退除爲分秒.

○ 步交會 第六

交終分	一十四萬二千三百一十九 秒九千三百六十八
交終日	二十七日 餘一千一百九分 秒九千三百六十八
交中日	十三 餘三千一百六十九 秋九千六百八十四
交朔日	二 餘一千六百六十五 秒六百三十二
交望日	十四 餘四千二 秒五千
秒母	一萬
交終	三百六十三度, 七十九分 三十六秒
交中	一百八十一度, 八十九分 六十八秒
交象	九十度 九十四分 八十四秒
半交象	四十五度 四十七分 四十二秒
日蝕既前限	二千四百 定法 二百四十八
日蝕既後限	三千一百 定法 三百二十
月蝕限	五千一百
月蝕既限	一千七百 定法 三百四十
分秒母	一百

求朔望入交

置天正朔積分, 以交終分去之, 不盡, 如日法而一, 爲日, 不滿爲餘, 即天正十一月經朔加時入交汎日及餘秒. 交朔加之, 得次朔. 交望加之, 得次望. 再加交望, 亦得次朔. 各爲朔 · 望入交汎日及餘秒.

求定朔望加時入交

置經朔 · 望加時入交汎日及餘秒, 以入氣入轉朓朒定數, 朓減朒加之, 即定朔 ·

望加時入交汎日及餘秒.

求朔・望加時入交常日及定日

置朔望入交汎日, 以入氣朓朒定數, 朓減朒加之, 爲入交常日.

又置入轉朓朒定數, 進一位, 一百二十七而一, 所得朓減朒加入交常日, 爲入交定日及餘秒.

求入交陰陽曆交前後分

視入交定日, 如交中已下, 爲陽曆 已上, 去之, 爲陰曆. 如一日上下, 以日法通日爲分. 爲交後分. 十三日上下, 覆減交中, 爲交前分.

求日月蝕甚定餘

置朔・望入氣入轉朓朒定數, 同名相從, 異名相消, 以一千三百三十七乘之, 定朔・望加時入轉算外轉定分除之, 所得, 以朓減朒加經朔・望小餘, 爲汎餘.

日蝕 : 視汎餘如半法已下, 爲中前分 半法已上, 去半法, 爲中後分. 置中前後分, 與半法相減相乘, 倍之, 萬約爲分, 曰時差. 中前, 以時差減汎餘爲定餘, 覆減半法, 餘爲吾前分. 中後, 以時差加汎餘爲定餘, 減去半法, 爲吾後分.

月食 : 視汎餘在日入後・夜半前者, 如日法四分之三已下, 減去半法, 爲酉前分 四分之三已上, 覆減日法, 餘爲酉後分, 又視汎餘在夜半後・日出前者, 如日法四分之一已下, 爲卯前分, 四分之一已上, 覆減半法, 餘爲卯後分. 其卯酉前後分, 自相乘. 四因, 退位, 萬約爲分, 以加汎餘, 爲定餘.

各置定餘, 以發斂加時法求之, 即得日月所蝕之辰刻.

求日月食甚日行積度

置定朔·望食甚大小餘, 與經朔·望大小餘相減之餘, 以加減經朔·望入氣日小餘, 經朔·望日少加多減. 即爲食甚入氣. 以加其氣中積, 爲食甚中積. 又置食甚入氣小餘, 以所入氣日損益率盈縮之損益乘之, 日法而一, 以損益其日盈縮積盈加縮減食甚中積, 即爲食甚日行積度及分.

求氣差

置日食甚日行積度及分, 滿中限去之, 餘在象限已下, 爲初限 已上, 覆減中限, 爲末限, 皆自相乘, 進二位, 如四百七十八而一, 所得, 用減一千七百四十四, 餘爲氣差恒數. 以吾前後分乘之, 半晝分除之, 所得, 以減恒數爲定數. 不及減, 覆減之, 爲定數. 應加者減之, 減者加之. 春分後, 陽曆減, 陰曆加 秋分後, 陽曆加, 陰曆減. 春分前·秋分後各二日二千一百分爲定氣, 于此加減之.

求刻差

置日食甚日行積度及分, 滿中限去之, 餘與中限相減相乘, 進二位, 如四百七十八而一, 所得, 爲刻差恒數. 以吾前後分乘之, 日法四分之一除之, 所得爲定數. 若在恒數已上者, 倍恒數, 以所得數減之爲定數, 依其加減. 冬至後, 吾前陽加陰減, 吾後陽減陰加. 夏至後, 吾前陽減陰加, 吾後陽加陰減.

求日食去交前後定分

氣刻二差定數, 同名相從, 異名相消, 爲食差. 依其加減去交前後分, 爲去交前後定分. 視其前後定分, 如在陽曆, 即不食 如在陰曆, 即有食之.

如交前陰曆不及減, 反減之, 反減食差. 爲交後陽曆 交後陰曆不及減, 反減之,

爲交前陽曆 即不食, 交前陽曆不及減, 反減之, 爲交後陰曆 交後陽曆不及減, 反減之, 爲交前陰曆 即日有食之.

求日食分

視去交前後定分, 如二千四百已下, 爲既前分, 以二百四十八除爲大分. 二千四百已上, 覆減伍千伍百, 不足減者不食. 爲既後分, 以三百二十除爲大分. 不盡, 退除爲秒, 即得日食之分秒.

求月食分

視去交前後分, 不用氣刻差者. 一千七百已下者, 食既. 已上, 覆減伍千一百, 不足減者不食. 餘以三百四十除爲大分, 不盡, 退除爲秒, 即爲月食之分秒也. 去交分在既限已下, 覆減既限, 亦以三百四十除, 爲既內之大分.

求日食定用分

置日食之大分, 與三十分相減相乘, 又以二千四百伍十乘之, 如定朔入轉算外轉定分而一, 所得, 爲定用分. 減定餘, 爲初虧分. 加定餘, 爲復圓分. 各以發斂加時法求之, 即得日食三限辰刻.

求月食定用分

置月食之大分, 與三十伍分相減相乘, 又以二千一百乘之, 如定望入轉算外轉定分而一, 所得, 爲定用分. 加減定餘, 爲初虧 · 復圓分. 各如發斂加時法求之, 即得月食三限辰刻.

月食既者, 以既內大分與十伍相減相乘, 又以四千二百乘之, 如定望入轉算外轉定分而一, 所得, 爲既内分. 用減定用分, 爲既外分. 置月食定餘減定用分, 爲初虧. 因加既外分, 爲食既. 又加既内分, 爲食甚. 既定餘分也. 再加既内分, 爲生光. 復加既外分, 爲復圓. 各以發斂加時法求之, 既得月食伍限辰刻.

求月食入更點

置食甚所入日晨分倍之伍約爲更法. 又伍約更法爲點. 乃置月食初末諸分 昏分已上減昏分 晨分已下加晨分. 如不滿更法爲初更 不滿點法爲一點. 依法以次求之即各得更點數.

求日食所起

食在既前, 初起西南, 甚于正南, 復于東南 食在既後, 初起西北, 甚于正北, 復于東北.

其食八分已上, 皆起正西, 復于正東. 此據正吾地而論之.

求月食所起

月在陽曆 初起東北 甚於正北 復於西北. 月在陰曆 初起東南 甚於正南, 復於西南. 其食八分已上 皆起正東 復於正西此亦據吾地而論之

求日月出入帶食所見分數

各以食甚小餘, 與日出入分相減, 餘爲帶食差, 以乘所食之分, 滿定用分而一,

月食既者, 以既内分減帶食差, 餘乘所食分, 如既外分而一. 不及減者, 爲帶食既出入. 以減所食分, 即日月出入帶食所見之分.

其食甚在晝, 晨爲漸進, 昏爲已退. 食甚在夜, 晨爲已退, 昏爲漸進.

求日月食甚宿次

置日月食甚日行積度, 望即更加半周天. 以天正冬至加時黄道日度加而命之, 依黄道宿次去之, 即各得日月食甚宿度及分.

참고문헌

1. 논문

김동빈, 2009, 「칠정산 외편의 일식과 일출입 계산의 전산화」, 석사학위논문, 충북대학교.

김만태, 2015, 「간지기년(干支紀年)의 형성과정과 세수(歲首) 역원(曆元) 문제」, 『한국학』, 38(3), 53-78.

김슬기, 2016, 「숙종 대 관상감의 시헌력 학습: 을유년 역서 사건과 그에 대한 관상감의 대응을 중심으로」, 석사학위논문, 서울대학교.

김종대, 2002, 「경진년 대통력(庚辰年大統曆) 소고(小考)」, 『생활문물연구』, 7, 69-106.

문형진, 2004, 「麗末鮮初 이슬람 역(曆) 수용과 그 발전」, 『중동연구』, 23(2), 175-194.

민병희, 이민수, 최고은, 이기원, 2016, 「조선시대 간의대 천문관측기기 개발자」, 『PKAS』, 31(3), 77-85.

박성래, 2002, 「〈수시력〉 수용과 〈칠정산〉 완성: 중국 원형의 한국적 변형」, 『한국과학사학회지』, 24(2), 166-199.

서금석, 김병인, 2014, 「步氣朔術 분석을 통해 본 高麗前期의 曆法 - 『高麗史』 『曆志』 『宣明曆』과 遼의 『大明曆』 氣朔術을 중심으로」, 『한국중세사연구』, 38, 149-204.

서은혜, 2017, 「려몽관계(麗蒙關係)의 추이(推移)와 고려(高麗)의 역법운용(曆法運用)」, 『한국사론』, 63(0), 1-57.

안상현, 2008, 「고대 역법에 나오는 日食旣의 의미」, 『PKAS』, 23(2), 65-71.

안영숙, 2005, 「칠정산외편의 일식과 월식 계산방법 고찰」, 박사학위논문, 충북대학교 대학원.

안영숙, 이용삼, 2004, 「조선 초기 칠정산외편의 일식 계산」, J. Astron. 『Space Sci.』, 21(4), 493-504.

이기원, 2008, 「조선시대 관상감의 직제 및 시험 제도에 관한 연구: 천문학 부서를 중심으로」, 『한국지구과학회지』, 29(1), 98-115.

이기원, 안영숙, 민병희, 2016, 「고려시대 금석문에 나타난 연호와 역일 기록 분석」, 『PKAS』, 31(1), 1-9.

이기원, 안영숙, 민병희, 신재식, 2011, 「한국 역서 데이터베이스 구축 및 내용 분석」, 『PKAS』,

26(1), 1-24.
이면우, 1988, 「이순지 · 김담 찬(撰) 대통역일통궤(大統曆日通軌) 등 6편의 통궤본(通軌本)에 대한 연구」, 『한국과학사학회지』, 10(1), 76-87.
이용범, 1966, 「麗代의 僞曆에 對하여」, 『진단학보』, 29/30, 247-260.
이용삼, 김상혁, 정장해, 2009, 「동아시아 천문관서의 자동 시보와 타종장치 시스템의 고찰」, J. Astron. 『Space Sci.』, 26(3), 355-374.
이은성, 1974, 「招差法과 古代曆法에서의 그 應用」, 『JKAS』, 7(1), 19-23.
이은희, 최고은, 민병희, 2021, 「몽골제국의 위구르력과 중수대명력(重修大明曆)」, 『한국과학사학회지』, 43(3), 797-829.
이은희, 2016, 「『수시력첩법입성(授時曆捷法立成)』과 세종의 지식경영」, 여주대학교 세종리더십연구소 편, 세종시대 국가경영 문헌의 체계화 사업-세종을 만든, 세종시대가 만든 문헌-DB화 작업 심층해제문 52편, 642-655.
이은희, 1996, 「칠정산내편의 연구」, 박사학위논문, 연세대학교.
전용훈, 2011, 「南秉哲의 『推步續解』와 조선후기 서양천문학」, 『규장각』, 38, 177-201.
전용훈, 2012, 「서양 점성술 문헌의 조선 전래」, 『한국과학사학회지』, 34(1), 1-34.
전용훈, 2014, 「19세기 조선의 曆算 매뉴얼 『推步捷例』」, 『규장각』, 44, 93-125.
전용훈, 2021, 「세종시대 역법 연구와 실용: 중국 역일과 서울 지방시의 결합」, 『규장각』, 58, 35-60.
전용훈, 2022a, 「세종 시대 서울 기준 시각법의 성립과 그 의의」, 『한국과학사학회지』, 44(3), 677-707.
전용훈, 2002b, 「17-18세기 서양과학의 도입과 갈등-時憲曆 施行과 節氣配置法에 대한 논란을 중심으로-」, 『동방학지』, 117, 1-49.
전용훈, 2004a, 「조선후기 서양천문학과 전통천문학의 갈등과 융화」, 박사학위논문, 서울대학교.
전용훈, 2004b, 「19세기 조선 수학의 지적 풍토: 홍길주(1786-1841)의 수학과 그 연원」, 『한국과학사학회지』, 26(2), 275-314.
정지호, 1986, 「고려 · 조선시대의 수학과 사회」, 『수학교육』, 24(2), 48-73.
주핑이, 이혜정 번역, 2009, 「서울대학교 규장각 소장 『崇禎曆書』와 관련 사료 연구」, 『규장각』, 34, 231-249.
최고은, 2010, 「1864년부터 1945년까지 한국역서 연구」, 석사학위논문, 충북대학교.
최고은, 민병희, 이용삼, 2015a, 「1900년 전후의 역서편찬 기관과 직제변화」, 『PKAS』,

30(3), 801-810.
최고은, 이기원, 민병희, 안영숙 (2015b, 10.28-10.30). Study on the sunrise and sunset times of the Chiljeongsan-Naepyeon [포스터 발표]. 한국우주과학회 2015년 가을학술대회, 경주.
최고은, 민병희, 안영숙, 2019,「태양력 시행 전후 한국의 역법과 시각제도 변화」,『PKAS』, 34(3), 49-65.
최진묵, 2007,「漢代의 改曆過程과 曆譜의 성격」,『대구사학』, 87, 113-140.
한영호, 이은희, 강민정, 2018,「아랍에서 조선까지 이슬람 역법의 전래와 수용」,『한국과학사학회지』, 40(1), 29-58.
한영호, 이은희, 강민정, 2014,「세종의 역법 제정과『七政算』」,『동방학지』, 168, 99-121.
한영호, 이은희, 2012,「『교식추보법가령』 연구」,『동방학지』, 159, 239-290.
한영호, 이은희, 2011,「麗末鮮初 本國曆 완성의 道程」,『동방학지』, 155, 31-45.
曲安京, 2004, Why Mathematics in Ancient China?, 数理解析研究所講究録 1392巻, 15-26.
今井湊, 1962, Ulugh Beg 表の畏吳児暦, Bulletin of the Society for Western and Southern Asiatic Studies 8, 29-37.
大谷光男, 1973,「百濟 武寧王 · 同王妃의 墓誌에 보이는 曆法에 對하여」,『미술사학연구』, 119, 2-7.
薮内清, 1982, '唐曹士蔿の符天暦について', Biburia『ビブリア』(Biblia: Bulletin of Tenri Central Library), 78, 2-18.
嚴敦傑, 1966, '宋金元曆法中的數學知識, 錢寶琮 編輯, 宋元數學史論文集', 北京: 科學出版社.
今井溱, 1954, 遼 · 金代の大明曆, 日本天文研究会報文, 1(1), 51-56.
褚龙飞, 石云里, 2012, "《崇祯历书》系列历法中的太阳运动理论" 自然科学史研究, 31, 410-427.
石云里, 褚龙飞, 2013, "关于《崇祯历书》编纂过程的新思考-以日躔历和月离历的分析结果为例", The 3rd Templeton International Workshop (Seoul National University), Inter-cultural and Intra-cultural Perspectives on Scientific Exchanges in Seventeenth- and Eighteenth-century East Asia (17至18世纪在东亚的科学交流), 313-319.
Benno van Dalen, E.S. Kennedy and M.K. Sayid, 1997, The Chinese-Uighur Calendar in Tûsî's Zîj-i Îlkhânî, Zeitschrift für Geschichte der Arabisch-Islamischen Wissenschaften, 11, 111-152.

Choi G.-E., Lee K.-W., Mihn B.-H., Li L., Ryu Y.-H., Ahn Y.-S., 2018, Investigating Chinese mathematical techniques to calculate sunrise and sunset times in Datongli, Astronomische Nachrichten, 339(6), 520-532.

Choi G.-E., Mihn B.-H., Lee K.-W., 2023, Investigating calendrical methods of calculating sunrise and sunset times in the Shixian calendar, Journal for the History of Astronomy, 54(3), 251-272.

D. Lu, 2012, "Theories of Solar Motion in Chongzhen Lishu, Yuzhi Lixiang Kaocheng and Lixiang Kaocheng Houbian," in Y. Liao et al. (eds), Multi-cultural Perspectives of the History of Science and Technology in China: Proceedings of the 12th International Conference on the History of Science (Beijing: Science Press), 71-82.

ISAHAYA Yoichi, 2013, The Tārīkh-i Qitā in the Zīj-i Īlkhānī -The Chinese calendar in Persian-, SCIAMVS, 14, 149-258.

ISAHAYA Yoichi, 2009, History and Provenance of the Chinese Calendar in the Zij_i ilkhani, TARIKH-E ELM, 8, 19-44.

Kennedy, E. S., 1964, The Chinese-Uighur Calendar as Described in the Islamic Sources, Isis, 55(4), 435-443.

Lee, K.-W., Ahn, Y. S., Yang, H.-J., 2011, Study on the system of night hours for decoding Korean astronomical records of 1625-1787, Advances in Space Research, 48(3), 592-600.

Lee, K.-W., Ahn, Y. S., Mihn, B.-H., Lim, Y.-R., 2010, Study on the Period of the Use of Datong-li in Korea, J. Astron. Space Sci., 27(1), 55-68.

Lee, K.-W., Yang, H.-J., Park, M.-G., 2008, Astronomical Books and Charts in the Book of Bibliographie Coreenne, J. Astron. Space Sci., 25(2), 199.

Li, Y., Zhang, C. Z., 1998b, Chinese models of solar and lunar motions in the 13th century, A&A, 333, L13-L15.

Melville, C., 1994, The Chinese-Uighur Animal Calendar in Persian Historiography of the Mongol Period, Iran, 32(1), 83-98.

Mihn, B.-H., Lee, K.-W., Ahn, Y. S., 2014, Analysis of interval constants in calendars affiliated with the Shoushili, Research in Astronomy and Astrophysics, 14(4), 485-496.

Morrison L. V., Stephenson, F. R., 2004, Historical values of the Earths clock error △T and calculation of eclipses, J. Hist. Astron. 35, 327-336.

Ohashi, Y., 2014. "Recent studies on the models of solar orbit in the Qing Dynasty, China, and natural philosophy." In Sôma, M., and Tanikawa, K. (eds.), Proceedings of the Fourth Symposium on "Historical Records and Modern Science." Tokyo, National Astronomical Observatory of Japan. 31-37.

Shi Yunli, 2014, Islamic Astronomy in the Service of Yuan and Ming Monarchs, Suhayl, 13, 41-61.

Shi Y., Xing G., 2006, "The First Chinese Version of the Newtonian Tables of the Sun and Moon," in K.-Y. Chen, W. Orchiston, B. Soonthornthum and R. Strom (eds), The 5th International Conference on Oriental Astronomy, Chiang Mai: Faculty of Science, Chiang Mai University, 91-6.

Wang, G., Sun, X., 2019, A Chinese Innovation Based on Western Methods: The Double-Epicycle Solar Model in the Lixiang kaocheng, 1722, Journal for the History of Astronomy, 50(2), 174-191.

2. 단행본

남종진 역주, 이순지, 2013, 『국역 제가역상집 (하)』, 서울: 세종대왕기념사업회.

박성래, 1994, 『한국인의 과학정신』, 서울: 평민사.

사회과학원 고전연구실, 1997, 『北譯 고려사』, 서울: 신서원.

서울대학교 규장각, 1997, 『經國大典(영인본)』, 서울: 규장각한국학연구원.

서울대학교 규장각, 1998a, 『大典通編(영인본)』, 서울: 서울대학교규장각.

서울대학교 규장각, 1998b, 『續大典(영인본)』, 서울: 서울대학교규장각.

서울대학교 규장각, 1999a, 『大典會通 上, 下(영인본)』, 서울: 서울대학교규장각.

안영숙, 2007, 『칠정산외편의 일식과 월식 계산방법 고찰』, 파주: 한국학술정보(주).

안영숙, 이용복, 김동빈, 심경진, 이우백, 2011, 『조선시대 일식도』, 파주: 한국학술정보(주).

안영숙, 한보식, 심경진, 송두종, 2009, 『조선시대 연력표』 파주: 한국학술정보(주).

유경로, 1999, 『한국천문학사연구』, 한국천문학사편찬위원회, 서울: 녹두.

유경로 역편, 薮内清 저, 1985, 『중국의 천문학』, 서울: 전파과학사.

유경로, 이은성, 현정준 역주, 1973, 『세종장헌대왕실록 칠정산내편』, 서울: 세종대왕기념사업회.

윤국일, 홍기문, 2000, 『譯註經國大典』, 서울: 여강출판사.

이면우, 허윤섭, 박권수 역주, 2003, 『서운관지(書雲觀志)』, 서울: 소명출판.

이성규, 박원길, 윤승준, 류병재, 2016, 『국역 금사 I』, 서울: 단국대학교출판부.

이은성, 1985, 『역법의 원리분석』, 서울: 정음사.

이은희, 2003, “절기(節氣)와 치윤(置閏)”, 『한국천문연구원 천문우주정보센터 워크숍 〈현행 역법(曆法)의 제(諸)문제〉』, 한국천문연구원, 42-48.

이은희, 2007, 『칠정산내편의 연구』, 파주: 한국학술정보(주).

이희재 역, Maurice Courant, 1994, 『한국서지』, 서울: 일조각.

전용훈, 2017, 『한국의 과학과 문명 11: 한국 천문학사』, 파주: 들녘.

조승구, 2003, “중국고대역법의 주요 구성 내용과 발전에 대한 고찰”, 『한국천문연구원 천문우주정보센터 워크숍 〈현행 역법(曆法)의 제(諸)문제〉』, 한국천문연구원, 101-122.

한국천문연구원, 2022, 『2023 역서』, 서울: 에스엠북.

한국학술정보 편집부, 2008, 『국역 옥유당 해동역사』, 파주: 한국학술정보(주).

한보식, 2001, 『한국연력대전(韓國年曆大典)』, 경산: 영남대학교출판부.

한영호, 이은희, 강민정, 2016, 『칠정산내편 I, II』, 서울: 한국고전번역원.

허민 역, 주세걸, 2008, 『산학계몽 하』, 서울: 소명출판.

현정준, 이종수, 1975, 『世界의 暦』, 서울: 삼성문화재단.

홍익희, 2016, 『홍익희의 유대인경제사 4: 스페인 제국의 영광과 몰락 중세경제사 下』, 서울: 한즈미디어(주).

曲安京, 2008, 『中国數理天文学』, 北京: 科学出版社.

曲安京, 2005, 『中国历法与数学』, 北京: 科学出版社.

國史館, 1986, 『清使稿校註』, 臺北: 國史館.

薮内清, 1963, 『中國の天文曆法』, 東京: 平凡社.

薮内清, 1967, 『宋元時代の 科學技術史』, 京部: 京部大學人文科學研究所.

陈美东, 1995, 『古历新探』, 沈阳: 辽宁教育出版社.

张培瑜, 2007, 『中国古代历法』, 北京: 中国科学技术出版社.

Cox, N., 2000, Allen's Astrophysical Quantities (4th edition), New York: Springer.

Jeon, S.-W., 1974, Science and Technology in Korea: Traditional Instruments and Techniques, Massachusetts: MIT Press.

Li, L., 2011, Mingdai lifa de jisuanji moni fenxi yu zonghe yanju, Hefei: University of Science and Technology of China.

Meeus Jean, 1998, Astronomical Algorithms (2nd edition), Richmond: Willmann-Bell, Inc.

Needham, J., 1959, Science and Civilization in China (Volume 3-2), Cambridge: Cambridge University Press.

Sivin, N., 2008, Granting the Seasons: The Chinese Astronomical Reform of 1280, With a Study of Its Many Dimensions and an Annotated Translation of Its Record, New York: Springer.

Smart W. M., Green R. M., 1977, *Textbook on Spherical Astronomy (6th Edition)*, Cambridge: Cambridge University Press.

Standish E. M., Newhall X. X., Williams, J. S., Folkner, W. F., 1997, *JPL Planetary and Lunar Ephemeris (CD-ROM)*, Richmond: Willmann-Bell, Inc.

Urban, Sean E., Seidelmann, P. K., 2013, *Explanatory Supplement to the Astronomical Almanac (3rd edition)*, Mill Valley: University Science Books.

미주

Ⅰ. 서론

1 Urban, Sean E., Seidelmann, P. K., 2013, Explanatory Supplement to the Astronomical Almanac (3rd edition), Mill Valley: University Science Books.

2 문형진, 2004, 「麗末鮮初 이슬람 역(曆) 수용과 그 발전」, 『중동연구』, 23(2), 175–194.; Urban, Sean E., Seidelmann, P. K., op. cit., 585.

3 고종황제는 관보 제85호 조칙으로 조선 개국 504년(1895) 음력 11월 17일을 개국 505년(1896) 양력 1월 1일로 개력하였다. 당시에는 태양력이라는 표현을 하였지만, 1900년 역서의 윤년과 관련된 사건 및 1900년 3월 12일 자 『황성신문(皇城新聞)』 등으로 미루어 보아 그레고리력을 의미한다. 이와 관련한 자세한 내용은 최고은(2019)의 「태양력 시행 전후 한국의 역법과 시각제도 변화」 논문을 참조하기 바란다.

4 조선시대 문신이었던 심수경(1516–1599)은 『견한잡록』에 자신의 사소한 일부터 당시 조선의 제도와 풍속 등을 수록했는데, 주로 사실적인 이야기가 주를 이루고 있기 때문에 야담집과는 다른 평가를 받고 있다. 견한잡록이 편찬된 해는 심수경이 75세(1591)에 우의정 벼슬을 그만두고 물러난 뒤에 지었을 것으로 추정하고 있다("견한잡록(遣閑雜錄)", 민족문화대백과사전, 2024년 6월 7일 접속, https://encykorea.aks.ac.kr/Article/E0002176).

5 김종대, 2002, 「경진년 대통력(庚辰年大統曆) 소고(小考)」, 『생활문물연구』, 7, 69–106.

6 전용훈, 2017, 『한국의 과학과 문명 11: 한국 천문학사』, 파주: 들녘.

7 이기원, 안영숙, 민병희, 신재식, 2011, 「한국 역서 데이터베이스 구축 및 내용 분석」, 『PKAS』, 26(1), 1–24.

8 이면우, 허윤섭, 박권수 역주, 성주덕, 2003, 『서운관지(書雲觀志)』, 서울: 소명출판.

9 최고은, 2010, 「1864년부터 1945년까지 한국역서 연구」, 석사학위논문, 충북대학교; 최고은, 민병희, 이용삼, 2015a, 「1900년 전후의 역서편찬 기관과 직제변화」, 『PKAS』, 30(3), 801–810.

Ⅱ. 한국과 중국의 역법사

1 曲安京, 2008, 『中国数理天文学』, 北京: 科学出版社.

2 이은성, 1985, 『역법의 원리분석』, 서울: 정음사.

3 유경로 역편, 藪內淸 저, 1985, 『중국의 천문학』, 서울: 전파과학사.

4 이은성, 앞 책, 21.

5 曲安京, 2005, 『中国历法与数学』, 北京: 科学出版社.

6 현정준, 이종수, 1975, 『世界의 曆』, 서울: 삼성문화재단.

7 김만태, 2015, 「간지기년(干支紀年)의 형성과정과 세수(歲首) 역원(曆元) 문제」, 『한국학』, 38(3), 53–78.

8 김만태, 2015, 같은 논문, 61–62.

9 김만태, 같은 논문, 65.

10 이은성, 앞 책, 22.

11 최진묵, 2007, 「漢代의 改曆過程과 曆譜의 성격」, 『대구사학』, 87, 113–140.

12 조승구, "중국고대역법의 주요 구성 내용과 발전에 대한 고찰", 『한국천문연구원 천문우주정보센터 워크숍 〈현행 역법(曆法)의 제(諸)문제〉』, (한국천문연구원, 2003), 101–122.

13 유경로, 앞 책, 64.

14 陈美东, 1995, 『古历新探』, 沈阳: 辽宁教育出版社.

15 유경로, 앞 책, 64.

16 이은성, 앞 책, 24.

17 유경로, 앞 책, 62.

18 이은성, 앞 책, 169.

19 藪內淸, 1963, 『中國の天文曆法』, 東京: 平凡社; 이은성, 앞 책, 163.

20 이은성, 앞 책, 168.

21 이은성, 앞 책, 169.

22 이은성, 앞 책, 169.

23 최초의 송나라는 960년 조광윤(趙匡胤)이 중국 개봉(開封, 카이펑)에 세운 송(宋, 960–1279)과 구별하기 위해 건국자인 유유(劉裕)의 성을 따라 유송이라고 부르기도 한다. 반면, 조광윤이 세운 송나라는 조씨의 성을 따라 조송(趙宋)으로 부르기도 한다.

24 이은희, 2003, "절기(節氣)과 치윤(置閏)", 『한국천문연구원 천문우주정보센터 워크숍 〈현행 역법(曆法)의 제(諸)문제〉』, 한국천문연구원, 42–48.

25 유경로, 앞 책, 78.

26 이은성, 앞 책, 25–26.

27 유경로, 앞 책, 83.; Needham, J., 1959, *Science and Civilization in China (Volume 3–2)*, Cambridge: Cambridge University Press.; 曲安京, 2004, Why Mathematics in Ancient China?, 数理解析研究所講究録 1392巻, 15–26.

28 이은성, 앞 책, 26.

29 전용훈, 2002b, 「17–18세기 서양과학의 도입과 갈등–時憲曆 施行과 節氣配置法에 대한 논란을 중심으로–」, 『동방학지』, 117, 1–49.

30 유경로, 앞 책, 97.

31 이은희, 2007, 『칠정산내편의 연구』, 파주: 한국학술정보(주).

32 유경로, 앞 책, 83.

33 유경로, 앞 책, 127.

34 유경로, 앞 책, 99.

35 이은성, 앞 책, 26.

36 이은성, 앞 책, 26.

37 유경로, 앞 책, 136.

38 유경로, 앞 책, 135.

39 사회과학원 고전연구실, 1997, 『北譯 고려사』, 서울: 신서원.

40 한국학술정보 편집부, 2008, 『국역 옥유당 해동역사』, 파주: 한국학술정보(주).

41 이은희, 최고은, 민병희, 2021, 「몽골제국의 위구르력과 중수대명력(重修大明曆)」, 『한국과학사학회지』, 43(3), 797–829.

42 ISAHAYA Yoichi, 2013, The Tārīkh–i Qitā in the Zīj–i Īlkhānī –The Chinese calendar in Persian–, SCIAMVS, 14, 149–258.

43 曲安京, 2008, 앞 책, 55–57.

44 남종진 역주, 이순지, 2013, 『국역 제가역상집 (하)』, 서울: 세종대왕기념사업회; 유경로, 앞 책, 141.

45 이은희 등, 2021, 앞 논문, 806.

46 张培瑜, 2007, 『中国古代历法』, 北京: 中国科学技术出版社.

47 今井湊, 1962, Ulugh Beg 表の畏吾児曆, Bulletin of the Society for Western and Southern Asiatic Studies 8, 29–37.

48 张培瑜, 앞 책, 93.

49 曲安京, 2008, 앞 책, 411.

50 曲安京, 2008, 앞 책, 411.

51 张培瑜, 앞 책, 120–121.

52 张培瑜, 앞 책, 120–121.

53 张培瑜, 앞 책, 105–106.

54 张培瑜, 앞 책, 105.

55 张培瑜, 앞 책, 105.

56 张培瑜, 앞 책, 105.

57 张培瑜, 앞 책, 104.

58 한영호, 이은희, 강민정, 2016, 『칠정산내편 I, II』, 서울: 한국고전번역원.

59 이은성, 앞 책, 27.

60 유경로, 앞 책, 146.

61 박성래, 2002, 「〈수시력〉 수용과 〈칠정산〉 완성: 중국 원형의 한국적 변형」, 『한국과학사학회지』, 24(2), 166–199.

62 『金史』 卷21 志第二 曆上, 〈武英殿二十四史 本〉.

63 이은희, 2007, 앞 책, 29.

64 Choi G.-E., Lee K.-W., Mihn B.-H., Li L., Ryu Y.-H., Ahn Y. S., 2018, Investigating Chinese mathematical techniques to calculate sunrise and sunset times in Datongli, Astronomische Nachrichten, 339(6), 520–532; Mihn, B.-H., Lee, K.-W., Ahn, Y. S., 2014, Analysis of interval constants in calendars affiliated with the Shoushili, Research in Astronomy and Astrophysics, 14(4), 485–496.

65 Choi G.-E., Lee K.-W., Mihn B.-H., Li L., Ryu Y.-H., Ahn Y. S., ibid., 522.; 이은성, 1974, 「招差法과 古代曆法에서의 그 應用」, 『JKAS』, 7(1), 19–23.

66 Choi G.-E., Lee K.-W., Mihn B.-H., Li L., Ryu Y.-H., Ahn Y. S., ibid., 522–523.

67 Choi G.-E., Lee K.-W., Mihn B.-H., Li L., Ryu Y.-H., Ahn Y. S., ibid., 524–525.

68 이면우, 1988, 「이순지 · 김담 찬(撰) 대통역일통궤(大統曆日通軌) 등 6편의 통궤본(通軌本)에 대한 연구」, 『한국과학사학회지』, 10(1), 76–87.

69 한영호, 이은희, 강민정, 앞 책, 26.

70 한영호, 이은희, 강민정, 앞 책, 26.

71 Lu, D., 2012, "Theories of Solar Motion in Chongzhen Lishu, Yuzhi Lixiang Kaocheng and Lixiang Kaocheng Houbian," in Y. Liao et al. (eds), Multi–cultural Perspectives of the History of Science and Technology in China: Proceedings of the 12th International Conference on the History of Science (Beijing: Science Press), 71 – 82; 주핑이, 이혜정 번역, 2009, 「서울대학교 규장각 소장 『崇禎曆書』와 관련 사료 연구」, 『규장각』, 34, 231–249.

72 유경로, 앞 책, 179.

73 Shi Y., and Xing, G., 2006, "The First Chinese Version of the Newtonian Tables of the Sun and Moon," in K.–Y. Chen, W. Orchiston, B. Soonthornthum and R. Strom (eds), The 5th International Conference on Oriental Astronomy (Chiang Mai: Faculty of Science, Chiang Mai University), 91 – 96.

74 Shi Y., and Xing, G., ibid., 91.

75 Lu, D., op. cit., 72.

76 주핑이, 앞 논문, 232.

77 Ohashi, Y., 2014, "Recent Studies on the Models of Solar Orbit in the Qing Dynasty, China, and Natural Philosophy," in M. Sôma and K. Tanikawa (eds), Proceedings of the Fourth Symposium on "Historical Records and Modern Science" (第4回「歴史的記録と現代科学」研究会) (Tokyo: Houbunsha Co., Ltd. (株式会社 芳文社)), 31 – 37.

78 石云里, 褚龙飞, 2013, "关于《崇祯历书》编纂过程的新思考–以日躔历和月离历的分析结果为例", The 3rd Templeton International Workshop (Seoul National University), Inter–cultural and Intra–cultural Perspectives on Scientific Exchanges in Seventeenth– and Eighteenth–century East Asia(17至18世纪在东亚的科学交流), 313–319; 褚龙飞, 石云里, 2012, 《崇祯历书》系列历法中的太阳运动理论, 自然科学史研究, 31, 410 – 427.

79 石云里, 褚龙飞, 앞 책, 321.

80 유경로, 앞 책, 190.

81 石云里, 褚龙飞, 앞 책, 320.

82 전용훈, 2004b, 「19세기 조선 수학의 지적 풍토: 홍길주(1786–1841)의 수학과 그 연원」, 『한국과학사학회지』, 26(2), 275–314.

83 Wang, G., Sun, X., 2019, A Chinese Innovation Based on Western Methods: The

Double–Epicycle Solar Model in the Lixiang kaocheng, 1722, Journal for the History of Astronomy, 50(2) 174 – 191; Ohashi, Y., op. cit., 2.; 石云里 & 褚龙飞, 앞 책.;

84 전용훈, 2004a, 「조선후기 서양천문학과 전통천문학의 갈등과 융화」, 박사학위논문, 서울대학교.

85 유경로, 앞 책, 191.

86 Lu, D., op. cit., 74.

87 Shi Y., Xing G., 2006, op. cit., 91.

88 Choi G.-E., Mihn B.-H., Lee K.-W., 2023, Investigating calendrical methods of calculating sunrise and sunset times in the Shixian calendar, Journal for the History of Astronomy, 54(3), 251–272.

89 大谷光男, 1973, 「百濟 武寧王 · 同王妃의 墓誌에 보이는 曆法에 對하여」, 『미술사학연구』, 119, 2–7.

90 박성래, 1994, 『한국인의 과학정신』, 서울: 평민사.

91 서은혜, 2017, 「려몽관계(麗蒙關係)의 추이(推移)와 고려(高麗)의 역법운용(曆法運用)」, 『한국사론』, 63(0), 1–57.

92 이은희, 2016, 『수시력첩법입성(授時曆捷法立成)』과 세종의 지식경영, 여주대학교 세종리더십연구소 편, 세종시대 국가경영 문헌의 체계화 사업–세종을 만든, 세종시대가 만든 문헌–DB화 작업 심층해제문 52편, 642–655.

93 이은희, 2016, 같은 논문, 4.

94 정지호, 1986, 「고려 · 조선시대의 수학과 사회」, 『수학교육』, 24(2), 48–73.

95 이은희, 2016, 앞 논문, 8.

96 허민 역, 주세걸, 2008, 『산학계몽 하』, 서울: 소명출판.

97 이기원, 안영숙, 민병희, 2016, 「고려시대 금석문에 나타난 연호와 역일 기록 분석」, 『PKAS』, 31(1), 1–9.

98 세조 6년(1460) 6월 16일(辛酉): 且書雲觀諸曆術者等每年大陽, 大陰, 五星, 四餘, 見行曆, 交食, 推算時, 皆依曆算校定. 성종 17년(1486) 7월 21일(甲子): 領議政尹弼商啓曰: 太一曆, 先王朝求於中國而僅得之. 然能解此書者, 惟李元茂, 全萬義二人而已, 今已年老, 請擇人傳習. 從之; 이기원, 2008, 「조선시대 관상감의 직제 및 시험 제도에 관한 연구: 천문학부서를 중심으로」, 『한국지구과학회지』, 29(1), 98–115.

99 한영호, 이은희, 2011, 「麗末鮮初 本國曆 완성의 道程」, 『동방학지』, 155, 31–45.

100 『세종실록』 19卷, 세종 5년(1423) 2월 10일(辛酉).

101 한영호, 이은희, 2011, 앞 논문, 48.

102 『세종실록』 39卷, 세종 10년(1428) 3월 30일(壬子).

103 『세종실록』 49卷, 세종 12년(1430) 8월 3일(辛未).

104 이기원, 앞 논문, 107.

105 한영호, 이은희, 강민정, 2014, 「세종의 역법 제정과 『七政算』」, 『동방학지』, 168, 99–121.

106 『세종실록』 58卷, 세종 14년(1432) 10월 30일(乙卯).

107 『세종실록』 58卷, 세종 14년(1432) 10월 30일(乙卯).

108 한영호, 이은희, 강민정, 2014, 앞 논문, 107–108.

109 『세종실록』 65卷, 세종 16년(1434) 8월 11일(乙卯): 한영호, 이은희(2011)에 따르면 『통감(通鑑)』은 북송의 사마광이 지은 중국의 역사책인 『자치통감(資治通鑑)』을 의미하고, 『강목(綱目)』은 주희((朱熹)의 『자치통감강목(資治通鑑綱目)』을 의미한다.

110 한영호, 이은희, 2011, 앞 논문, 56–59.

111 세종대왕기념사업회의 『국역 사여전도통궤』를 기본으로 했으며, 잘못 번역된 것은 필자가 수정한 후 인용하였다.

112 민병희, 이민수, 최고은, 이기원, 2016, 「조선시대 간의대 천문관측기기 개발자」, 『PKAS』, 31(3), 77–85.

113 Shi Y., 2014, Islamic Astronomy in the Service of Yuan and Ming Monarchs, Suhayl, 13, 41–61.

114 Jeon, S.–W., 1974, Science and Technology in Korea: Traditional Instruments and Techniques, Massachusetts: MIT Press.

115 한영호, 이은희, 2012, 「『교식추보법가령』 연구」, 『동방학지』, 159, 239–290.

116 한영호, 이은희, 2012, 같은 논문, 287.

117 김슬기, 2016, 「숙종 대 관상감의 시헌력 학습: 을유년 역서 사건과 그에 대한 관상감의 대응을 중심으로」, 석사학위논문, 서울대학교.

118 Lee, K.–W., Ahn, Y. S., Mihn, B.–H., Lim, Y.–R., 2010, Study on the Period of the Use of Datong–li in Korea, J. Astron. Space Sci., 27(1), 55–68.

119 이면우, 허윤섭, 박권수 역주, 성주덕, 앞 책, 99.

120 이기원, 앞 논문, 109.

121 전용훈, 2014, 「19세기 조선의 曆算 매뉴얼 『推步捷例』」, 『규장각』, 44, 93–125.

122 전용훈, 2011, 「南秉哲의 『推步續解』와 조선후기 서양천문학」, 『규장각』, 38, 177–201; 전용훈, 2012, 「서양 점성술 문헌의 조선 전래」, 『한국과학사학회지』, 34(1), 1–34.

123 전용훈, 2011, 앞 논문, 187.

124 Choi G.-E., Mihn B.-H., Lee K.-W., op. cit., 264–266.

125 Choi G.-E., Mihn B.-H., Lee K.-W., op. cit., 255.

126 國史館, 1986, 『清使稿校註』, 臺北: 國史館.

127 國史館, ibid, 1063.

128 『영조실록』 영조 36년(1760) 12월 7일(丁丑).

129 백리척은 100리를 1척으로 하는 축척의 개념으로 정상기의 『동국대지도(東國大地圖)』는 백리척을 사용한 우리나라 최초로 축척이 표시된 지도로 알려져 있다.

130 『영조실록』 영조 15년(1791) 10월 11일(壬子).

131 최고은, 2010, 앞 논문, 6.

132 최고은, 민병희, 안영숙, 2019, 「태양력 시행 전후 한국의 역법과 시각제도 변화」, 『PKAS』, 34(3), 49–65.

133 최고은, 2010, 앞 논문, 6.

134 Choi G.-E., Mihn B.-H., Lee K.-W., op. cit., 265.

135 최고은, 2010, 앞 논문, 43.

Ⅲ. 중수대명력의 편찬

1 薮内清, 1967, 『宋元時代の科學技術史』, 京部: 京部大學人文科學研究所.

2 薮内清, 1967, 앞 책, 92.

3 유경로, 앞 책, 206.

4 유경로, 앞 책, 151.

5 薮内清, 1967, 앞 책, 91.

6 薮内清, 1967, 앞 책, 91.

7 이은희 등, 2021, 앞 논문, 804; 今井溱, 1954, 遼 · 金代の大明暦, 日本天文研究会報文, 1(1), 51–56.

8 『元史』 曆志卷第四 『曆一』 1b : 元初 丞用 金 大明曆.

9 이은희, 2007, 앞 책, 30.

10 유경로, 앞 책, 157.

11 이은희 등, 2021, 앞 논문, 789.

12 Benno van Dalen, Kennedy E.S., Mustafa K. Saiyid, 1997, The Chinese-Uighur Calendar in Tûsî's Zîj-i Îlkhânî, Zeitschrift für Geschichte der Arabisch-Islamischen Wissenschaften 11, 111-152.

13 이은희 등, 2021, 앞 논문, 801.

14 홍익희, 2016, 『홍익희의 유대인경제사 4: 스페인 제국의 영광과 몰락 중세경제사 下』, 서울: 한즈미디어(주).

15 ISAHAYA Yoichi, 2013, op. cit., 149.

16 이은희 등, 2021, 앞 논문, 803.

17 이은희 등, 2021, 앞 논문, 798-799.

18 해당 그림은 이은희, 최고은, 민병희(2021)의 몽골제국의 위구르력과 중수대명력(重修大明曆) 논문에 포함된 그림을 수정 및 보완한 것이다.

19 이은희, 2007, 앞 책, 29.

20 『성종실록』 10卷, 성종 2년(1471) 6월 30일(辛未).

21 이은희, 2007, 앞 책, 29.

22 『세종실록』 101권, 세종 25년 7월 6일(己未).

23 이기원, 앞 논문, 107-108.

24 윤국일, 홍기문, 2000, 『譯註經國大典』, 서울: 여강출판사; 서울대학교 규장각, 1997, 『經國大典(영인본)』, 서울: 규장각한국학연구원; 서울대학교 규장각, 1998a, 『大典通編(영인본)』, 서울: 서울대학교 규장각.

25 서울대학교 규장각, 1998a, 같은 책; 서울대학교 규장각, 1998b, 『續大典(영인본)』, 서울: 서울대학교 규장각.

26 『세조실록』 20卷, 세조 6년 6월 16일(辛酉).

27 『세종실록』 101卷, 세종 25년(1443) 7월 6일(己未).

28 『중종실록』 91卷, 중종 34년(1539) 9월 1일(乙未).

29 『세종실록』 101卷, 세종 25년(1443) 7월 6일(己未).

30 안영숙, 이용삼, 2004, 「조선 초기 칠정산외편의 일식 계산」, J. Astron. 『Space Sci.』, 21(4), 493–504.

31 김동빈, 2009, 「칠정산 외편의 일식과 일출입 계산의 전산화」, 석사학위논문, 충북대학교.

32 『중종실록』 28卷, 중종 12년(1517) 6월 1일(乙巳).

33 『승정원일기』 10册, 현종 7년 6월 3일(壬子).

34 안영숙, 2007, 『칠정산외편의 일식과 월식 계산방법 고찰』, 파주: 한국학술정보(주).

35 曲安京, 2008, 앞 책, 390; 曲安京, 2004, 앞 논문, 17.

36 서울대학교 규장각, 1998b, 앞 책; 서울대학교 규장각, 1999a, 『大典會通 上, 下(영인본)』, 서울: 서울대학교 규장각.

37 국립중앙도서관 「대한민국 신문 아카이브」 – http://www.nl.go.kr/newspaper/; 『고종실록』 고종 22년(1885) 3월 28일(丁卯): 인쇄 · 출판에 관한 사무를 관장하기 위하여 고종 20년(1883) 박문국을 처음 설치하였고, 그해 음력 10월 1일에 박문국에서 『한성순보(漢城旬報)』를 처음 발행하였다.

38 내용은 赤度日度를 구하는 것으로 중수대명력일식가령에서는 '赤'이 '積'으로 잘못 쓰여 있다. 반면 중수대명력월식가령에는 '冬至赤度日度'로 올바르게 쓰여 있다.

39 이희재 역, Maurice Courant, 1994, 『한국서지』, 서울: 일조각; Lee, K.–W., Yang, H.–J., Park, M.–G., 2008, Astronomical Books and Charts in the Book of Bibliographie Coreenne, J. Astron. Space Sci., 25(2), 199.

40 서금석, 김병인, 2014, 『步氣朔術 분석을 통해 본 高麗前期의 曆法 – 『高麗史』 『曆志』 『宣明曆』과 遼의 『大明曆』 氣朔術을 중심으로』, 『한국중세사연구』, 38, 149–204.

41 이성규, 박원길, 윤승준, 류병재, 2016, 『국역 금사 I 』, 서울: 단국대학교출판부.

Ⅳ. 중수대명력의 내용과 계산

• 보기삭(步氣朔)

1 남종진, 앞 책, 118.

2 오늘날 현대 시각을 분으로 표현하면 하루의 시간은 1440분에 해당한다.

3 Cox, N., 2000, 'Allen's Astrophysical Quantities (4th edition)', New York: Springer.

4 한국천문연구원, 2023, 『2024 역서』, 서울: 에스엠북.

5 한보식, 2001, 『한국연력대전(韓國年曆大典)』, 경산: 영남대학교출판부.

6 Standish E. M., Newhall X. X., Williams, J. S., Folkner, W. F., 1997, *JPL Planetary and Lunar Ephemeris (CD–ROM)*, Richmond: Willmann–Bell, Inc.

7 Morrison L. V., Stephenson, F. R., 2004, *'Historical values of the Earths clock error △T and calculation of eclipses'*, J. Hist. Astron. 35, 327–336.

• 보괘후(步卦候)

8 『제가역상집(諸家曆象集)』 卷一 天文, 〈산당고색(山堂考索)〉: 五日爲候, 三候爲氣, 六氣爲時, 四時爲歲.

9 이은성, 앞 책, 127.

10 이은성, 앞 책, 130–131.

• 보일전(步日躔)

11 Smart W. M., Green R. M., 1977, 『Textbook on Spherical Astronomy (6th Edition)』, Cambridge: Cambridge University Press.

12 曲安京, 2004, 앞 논문, 17.

13 曲安京, 2004, 앞 논문, 17.

14 曲安京, 2004, 앞 논문, 17.

15 曲安京, 2004, 앞 논문, 18.

16 Meeus Jean, 1998, 『Astronomical Algorithms (2nd edition)』, Richmond: Willmann–Bell, Inc.

17 한영호, 이은희, 강민정, 앞 책, 104.

• 보월리(步月離)

18 한국천문연구원, op. cit., 115.

19 『元史』 卷52 『월행지질(月行遲疾)』: 舊曆日爲一限, 皆用二十八限 今定驗得轉分 進退時刻不同 今分日爲十二 共三百三十六限.

20 유경로, 이은성, 현정준 역주, 1973, 『세종장헌대왕실록 칠정산내편』, 서울: 세종대왕기념사업회.

• **보구루(步晷漏)**

21 Choi G.-E., Lee K.-W., Mihn B.-H., Li L., Ryu Y.-H., Ahn Y. S., 2018, op. cit., 521.

22 남종진, 앞 책, 209.

23 남종진, 앞 책, 246.

24 Urban, Sean E, Seidelmann, P. K., op. cit., 520.

25 시민박명은 태양의 중심이 수평선 아래 –6°에 있는 순간 중에서 일출 전은 'Civil dawn', 일몰 후에는 'Civil dusk'로 나눈다. 항해박명과 천문박명도 마찬가지이다.

26 월식의 경우 미복광분이라고 한다.

27 유경로, 이은성, 현정준 역주, 앞 책, 297.

28 『성종실록』 170巻, 성종15년(1484) 9월 15일.

29 김동빈, 앞 논문, 118.

30 이은성, 앞 논문, 20.

31 Sivin, N., 2008, Granting the Seasons: The Chinese Astronomical Reform of 1280, With a Study of Its Many Dimensions and an Annotated Translation of Its Record, New York: Springer.

32 『金史』에는 陟一로 기록되어 있으나, '四'가 누락된 것으로 보인다. 그러므로 조선의 중수대명력에 따라 –4.0100 값을 사용한다.

33 남종진, 앞 책, 133.

34 한국천문연구원, 앞 책, 2.

35 Urban, Sean E. & Seidelmann, P. K., op. cit., 520.

36 Lee, K.-W., Ahn, Y. S., Yang, H.-J., 2011, Study on the system of night hours for decoding Korean astronomical records of 1625–1787, Advances in Space Research, 48(3), 592–600.

• **보교회(步交會)**

37 한국천문연구원, op. cit., 115.

38 Meeus Jean, op. cit., 338.

39 Urban, Sean E. & Seidelmann, P. K., op. cit., 461.

40 이면우, 허윤섭, 박권수 역주, 성주덕, 앞 책, 122.

41 해당 번역은 이면우, 허윤섭, 박권수가 역주한 내용을 그대로 옮긴 것이다.

42 안영숙, 이용삼, 앞 논문, 503.

43 김동빈, 앞 논문, 107.

44 『중종실록』 28卷, 중종 12년(1539) 6월 1일(乙巳).

45 태양의 1일 평균 이동각도는 1도, 달의 1일 평균 이동각도는 13.37도, 교점의 1일 평균 이동각도(황백교점은 18.61년 주기로 이동하므로 1년에 약 19.63°를 이동한다)를 0.0537도라고 할 때, $\frac{(1-0.0537)}{(13.37-0.0537)} \approx \frac{10}{127}$이다(사회과학원 고전연구실, 1997).

46 입전산외(入轉算外) 값이므로 n+1이다.

47 Meeus Jean, op. cit., 279.

48 가령은 2889분 21로 잘못 계산되어 있는데, 실제 계산은 2340분 84이다. 그러므로 후자의 값을 사용하였다.

49 한영호, 이은희, 강민정, 앞 책, 46.

50 한국천문연구원, op. cit., 206.

51 이은희, 2007, 앞 책, 148.

52 이은희, 2007, 앞 책, 149–150.

53 이은희, 2007, 앞 책, 149–150.

54 안영숙, 이용복, 김동빈, 심경진, 이우백, 2011, 『조선시대 일식도』, 파주: 한국학술정보(주).

55 〈표 4–6〉의 값은 계산상의 편의를 위해 100으로 나눈 값으로 △PM(19)=1281로 되어 있다.

56 최고은, 2019, 앞 논문, 55.

57 이용삼, 김상혁, 정장해, 2009, 「동아시아 천문관서의 자동 시보와 타종장치 시스템의 고찰」, J. Astron. 『Space Sci.』, 26(3), 355–374.

58 해당 기사의 국역본은 잘못 해석된 부분이 있어 필자가 다시 번역한 내용이다. 해당 연도 이전에도 조선에서는 평지 근처에서 일식이 일어날 시에는 삼각산 꼭대기에서 관측을 하게 했다. (『세종실록』 39卷, 세종 10년(1428) 3월 10일(壬子): 命書雲正朴恬等, 登三角山巓, 望見明日日食與否, 蓋以《授時》,《宣明》之法, 日食皆當在寅卯時, 而在平地, 則不能察也.)

59 『세종실록』 58卷, 세종 14년(1432) 10월 30일(乙卯).

60 『성종실록』 170卷, 성종 15년(1484) 9월 15일(己亥).

61 『숙종실록』 64卷, 숙종 45년(1719) 12월 26일(甲子).

62 『중종실록』 91卷, 중종 34년(1539) 9월 1일(乙未).

63 『세종실록』 117卷, 성세 29년(1447) 8월 1일(庚申); 안영숙, 이용복, 김동빈, 심경진, 이우백, 2011, 앞 책, 88.

64 조선의 중수대명력에서는 '秒' 뒤에 '半'이 누락되었다. 상책은 삭책의 1/4이며, 그 값은 7일 2001분 2250초이다. 그러므로 뒤에 '半'을 추가하였다.

중수대명력(重修大明曆)의
일월식 계산과 조선의 사편법(四篇法)

초판인쇄 2025년 02월 21일
초판발행 2025년 02월 21일

지은이 최고은
펴낸이 채종준
펴낸곳 한국학술정보(주)
주 소 경기도 파주시 회동길 230(문발동)
전 화 031-908-3181(대표)
팩 스 031-908-3189
투고문의 ksibook1@kstudy.com
등 록 제일산-115호(2000. 6. 19)

ISBN 979-11-7318-238-9 93440